高等学校“十三五”重点课程辅导教材

概率论与数理统计

学习指导

吴春霞　刘新红　主编

化学工业出版社

·北京·

内 容 简 介

本书是概率论与数理统计课程的学习辅导书，内容包括：概率论的基本概念、随机变量及其分布、多维随机变量及其分布、随机变量的数字特征、大数定律及中心极限定理、样本及抽样分布、参数估计、假设检验等。每章均按章节顺序从基本概念、典型例题、综合练习三部分进行编写，并对典型例题进行了分析和详解．书后附有4套模拟试题，方便学生期末复习使用．所有练习题和模拟试题均附有参考答案，可通过扫描二维码进行查阅．

本书可供高等院校理工类各专业学生使用，也可作为教师的参考书．

图书在版编目（CIP）数据

概率论与数理统计学习指导/吴春霞，刘新红主编．—北京：化学工业出版社，2020.10（2024.1重印）
高等学校“十三五”重点课程辅导教材
ISBN 978-7-122-37620-6

Ⅰ．①概…　Ⅱ．①吴…②刘…　Ⅲ．①概率论-高等学校-教学参考资料②数理统计-高等学校-教学参考资料　Ⅳ．①O21

中国版本图书馆CIP数据核字（2020）第159488号

责任编辑：郝英华
责任校对：王佳伟　　　　装帧设计：张　辉

出版发行：化学工业出版社（北京市东城区青年湖南街13号　邮政编码100011）
印　　装：北京科印技术咨询服务有限公司数码印刷分部
710mm×1000mm　1/16　印张7¼　字数132千字　2024年1月北京第1版第3次印刷

购书咨询：010-64518888　　　　售后服务：010-64518899
网　　址：http://www.cip.com.cn
凡购买本书，如有缺损质量问题，本社销售中心负责调换。

定　　价：19.00元

前 言

概率论与数理统计是高等院校理工类各专业的数学基础课之一．由于概率论与数理统计课程具有理论性强、内容抽象等特点，部分学生对该课程有畏惧感，同时随着课程所学内容的不断推进，尤其到数理统计部分，出现了不重视数理统计学习的现象．为了消除学生对概率统计学习的畏难和不自信情绪，使每名同学在原有知识的基础上得到提高，我们编写了《概率论与数理统计学习指导》．本书突出基本内容和思想方法，以清晰易懂、简明扼要、层次分明为宗旨，以便于学生学习为目的．本书的主要内容已在校内使用近十年，且根据学生使用反馈意见进行了多次修改，深受学生们的欢迎．

本书归纳总结了概率论与数理统计的基本概念，展示了相关的典型例题，揭示了解题的思路和方法，通过典型例题的讲解和综合练习的演练，使学生扩大思路、开阔眼界、融会贯通，从而提高学生的学习兴趣，增强其学好概率论与数理统计课程的自信，对提高分析问题和解决问题的能力也有很好的帮助作用．本书中，标注*的试题是难度较高的试题，建议考研的学生进行挑战，其他同学选做．

本书由吴春霞和刘新红主编，卓泽强、韩英、张怀念、董小燕参编．编者希望本书的出版能帮助读者对所学过的概率论与数理统计知识进行复习、巩固和提高，帮助读者从不同内容的内在联系上体会数学的思维和应用之美．

本书可供学习概率论与数理统计知识的高等院校理工科各专业、成人教育的学生参考，也可供有关的教师和科技工作者参考。对于书中的不足之处，欢迎广大读者批评指正。

目录

第一章 概率论的基本概念

第二章 随机变量及其分布

第三章 多维随机变量及其分布

第四章 随机变量的数字特征

第五章 大数定律与中心极限定理

第六章 样本及抽样分布

第七章 参数估计

第八章 假设检验

附　录

第一章 概率论的基本概念

一、基本概念

(一) 随机试验

随机现象：在个别试验中其结果呈现出不确定性，在大量重复试验中其结果又具有统计规律性的现象．

随机试验：一个试验如果满足：①可以在相同的条件下重复进行；②每次试验的可能结果不止一个，并且能事先明确所有可能结果；③在每次试验前，不能确定哪一个结果会出现．则称这样的试验为**随机试验**．简而言之，就是对随机现象的一次观察或试验．通常用字母“E”表示．

(二) 样本空间、随机事件

样本空间与样本点：由随机试验的一切可能结果组成的一个**集合**，称为**样本空间**，用“S”表示；其中的每个元素称为**样本点**，用“e”表示．

随机事件：样本空间 S 的子集称为**随机事件，简称事件**，常用字母 A，B，C 等表示．

随机事件的发生：某个事件 A 发生当且仅当 A **所包含的一个样本点出现**．

基本事件：由一个样本点构成的集合．

复合事件：由多个样本点构成的集合．

必然事件：在随机试验中，每次试验必然发生的事件，用 S 表示．

不可能事件：在随机试验中，每次试验都不会发生的事件，用 Φ 表示．

事件的关系如下．

(1) 包含：当事件 A 发生时必然导致事件 B 发生，则称 A 包含于 B 或 B 包含

A，记为 $A \subset B$ 或 $B \supset A$.

(2) 相等：若事件 A 的发生能导致 B 的发生，且 B 的发生也能导致 A 的发生，则称 A 与 B 相等，记为 $A=B$.

(3) 和（并）：两个事件 A、B 中至少有一个发生的事件，称为事件 A 与事件 B 的和（或并），记为 $A \cup B$.

(4) 积（交）：两个事件 A 与 B 同时发生，称为事件 A 与事件 B 的积（或交），记为 $A \cap B$（或 AB）.

(5) 差：事件 A 发生而事件 B 不发生的事件，称为事件 A 与事件 B 的差，记为 $A-B$.

(6) 互斥（互不相容）：若事件 A 与 B 不能同时发生，则称 A 与 B 互斥，记为 $AB=\Phi$.

(7) 事件的逆（对立事件）：若 $A \cup B=S$，且 $AB=\Phi$，则称 B 为 A 的逆，记为 $B=\bar{A}$.

以上事件的关系，可以用图形表示，见图 1-1.

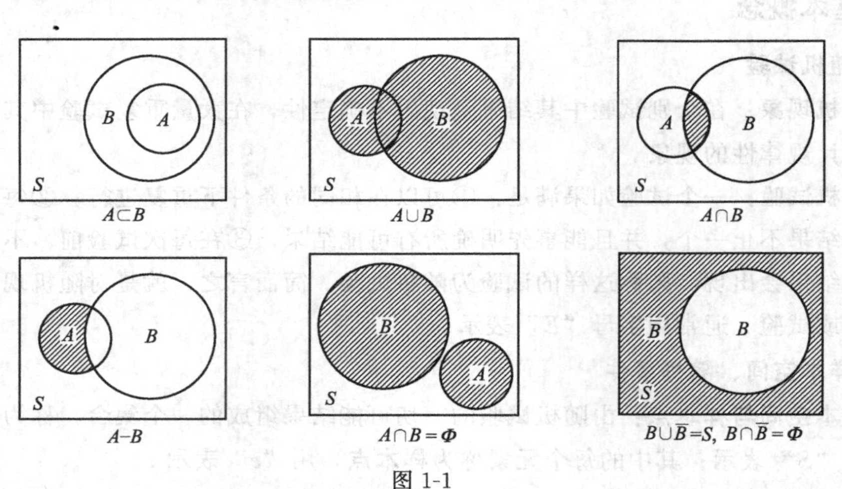

图 1-1

事件的运算如下.

交换律：$A \cup B=B \cup A$；$AB=BA$.

结合律：$A \cup (B \cup C)=(A \cup B) \cup C$；$A(BC)=(AB)C$.

分配律：$A \cap (B \cup C)=(AB) \cup (AC)$；$A \cup (BC)=(A \cup B)(A \cup C)$.

德摩根（对偶）律：$\overline{\bigcup_{i=1}^{n} A_i}=\bigcap_{i=1}^{n} \overline{A_i}$（和的逆＝逆的积）；

$$\overline{\bigcap_{i=1}^{n} A_i}=\bigcup_{i=1}^{n} \overline{A_i}$$（积的逆＝逆的和）.

(三) 频率与概率

频率：在相同的条件下，重复进行了 n 次试验，若事件 A 发生了 n_A 次，则称比值 $f_n(A)=\frac{n_A}{n}$ 为事件 A 在 n 次试验中出现的频率．

频率的性质如下．

(1) 非负性：对任意 A，有 $f_n(A)\geqslant 0$；

(2) 规范性：$f_n(S)=1$；

(3) 可加性：若 A、B 两两互斥，则 $f_n(A\cup B)=f_n(A)+f_n(B)$.

推广：若事件 A_1，A_2，…，A_k 两两互斥，则 $f_n(\bigcup\limits_{i=1}^{k}A_i)=\sum\limits_{i=1}^{k}f_n(A_i)$．

概率的统计定义：在相同的条件下，独立重复地作 n 次试验，当试验次数 n 很大时，如果某事件 A 发生的频率 $f_n(A)$ 稳定地在 $[0,1]$ 上的某一数值 p 附近摆动，而且一般来说随着试验次数的增多，这种摆动的幅度会越来越小，则称数值 p 为事件 A 发生的概率，记为 $P(A)=p$.

概率的公理化定义：设随机试验 E 的样本空间为 S，对于 E 中的事件 A，赋予一个实数 $P(A)$，称为事件 A 的概率，集合函数 $P(\cdot)$满足下列条件：

(1) 非负性：对任意事件 A，$0\leqslant P(A)\leqslant 1$；

(2) 规范性：$P(S)=1$；

(3) 可列可加性（完全可加性）：对于两两互斥的事件 A_1，A_2，…，有

$$P(\bigcup_{i=1}^{\infty}A_i)=\sum_{i=1}^{\infty}P(A_i).$$

概率的性质如下．

(1) $P(\Phi)=0$.

(2) 有限可加性：若 A_1，A_2，…，A_n 两两互不相容，则有

$$P(\bigcup_{i=1}^{n}A_i)=\sum_{i=1}^{n}P(A_i).$$

(3) 对任意事件 A，有 $P(\overline{A})=1-P(A)$．

(4) $P(A\overline{B})=P(A-B)=P(A)-P(AB)$，若 $B\subset A$，则

$P(A-B)=P(A)-P(B)$，且 $P(B)\leqslant P(A)$.

(5) 加法公式：对任意的事件 A，B 有：$P(A\cup B)=P(A)+P(B)-P(AB)$.

对任意三事件 A，B，C 有：

$P(A\cup B\cup C)=P(A)+P(B)+P(C)-P(AB)-P(AC)-P(BC)+P(ABC)$.

推广：设有 n 个事件 A_1，A_2，…，A_n，有

$$P(\bigcup_{i=1}^{n} A_i)=\sum_{i=1}^{n} P(A_i)-\sum_{i\neq j} P(A_iA_j)+\sum_{i\neq j\neq k} P(A_iA_jA_k)-\cdots+(-1)^{n-1}P(A_1A_2\cdots A_n).$$

（四）等可能概型（古典概率）

古典概型：若随机试验满足：

（1）有限性：样本空间中只有有限个样本点，即 $S=\{e_1,e_2,\cdots,e_n\}$；

（2）等可能性：样本点的发生是等可能的，即 $P(e_1)=P(e_2)=\cdots=P(e_n)$.

则称此随机试验为古典概型.

概率的计算公式：$P(A)=\dfrac{k}{n}$.

式中，k 为事件 A 包含的样本点的个数；n 为样本空间 S 中样本点的总数.

古典概率的性质如下.

（1）非负性：对任意 A，$P(A)\geqslant 0$.

（2）规范性：$P(S)=1$.

（3）可加性：若 A、B 互斥，则 $P(A\cup B)=P(A)+P(B)$.

（4）$P(\Phi)=0$.

（5）$P(\overline{A})=1-P(A)$.

几何概率：若随机试验的样本空间是 n 维欧氏空间 R^n 的子集，且每个样本点等可能发生，概率的计算公式为

$$P(A)=\frac{\mu(A)}{\mu(S)}.$$

式中，$\mu(A)$，$\mu(S)$分别表示 A 及 S 在 R^n 中的度量，如长度、面积、体积等.

例如：设 $S\subset R^2$，S 是正方形区域，A 是三角形区域，如图 1-2 所示，则

$$P(A)=\frac{A\text{的面积}}{S\text{的面积}}=\frac{1}{8}.$$

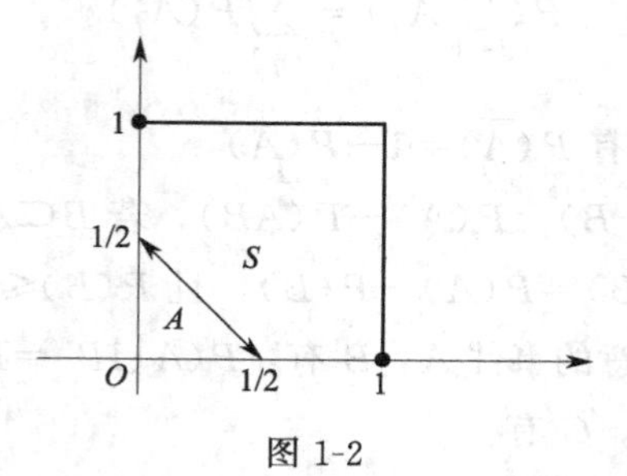

图 1-2

(五) 条件概率

条件概率定义：设 A，B 是两个随机事件，且 $P(B) \geqslant 0$，称

$$P(A|B)=\frac{P(AB)}{P(B)}$$

为在事件 B 发生条件下事件 A 发生的条件概率．

条件概率的性质如下．

(1) 对任意事件 A，有 $0 \leqslant P(A|B) \leqslant 1$；

(2) $P(\Phi|B)=0$，$P(S|B)=1$；

(3) $P(\bar{A}|B)=1-P(A|B)$；

(4) 对于两两互斥的事件 A_1，A_2，…，有 $P(\bigcup_{i=1}^{\infty} A_i \mid B)=\sum_{i=1}^{\infty} P(A_i \mid B)$；

(5) 对于任意事件 A_1，A_2，有

$$P(A_1 \cup A_2|B)=P(A_1|B)+P(A_2|B)-P(A_1A_2|B).$$

条件概率中的条件事件 B 起着样本空间的作用，被称为缩小的样本空间．

乘法公式：由条件概率的定义得

$$P(AB)=P(B)P(A|B) \quad (P(B)>0),$$
$$P(AB)=P(A)P(B|A) \quad (P(A)>0).$$

一般地，对任意 n 个事件 $A_1, A_2, \cdots, A_n, n \geqslant 2$，若 $P(A_1A_2\cdots A_{n-1})>0$，则

$$P(A_1A_2\cdots A_n)=P(A_1)P(A_2|A_1)P(A_3|A_1A_2)\cdots P(A_n|A_1A_2\cdots A_{n-1}).$$

划分：设 S 为试验 E 的样本空间，$A_1, A_2, \cdots, A_n$ 是 S 的一组事件．若 $\bigcup_{i=1}^{n} A_i = S$，且 $A_iA_j=\Phi$，$i \neq j$，i，$j=1$，2，…，n，则称 A_1，A_2，…，A_n 为 S 的一个划分．

全概率公式：设 S 为试验 E 的样本空间，B 为 E 的事件，$A_1, A_2, \cdots, A_n$ 是 S 的一个划分，且 $P(A_i)>0$ $(i=1,2,\cdots,n)$，则有 $P(B)=\sum_{i=1}^{n} P(A_i)P(B \mid A_i)$.

贝叶斯公式（Bayes）（逆全概率公式）：设 S 为试验 E 的样本空间，B 为 E 的事件，A_1，A_2，…，A_n 是 S 的一个划分，且 $P(B)>0$，$P(A_i)>0$ $(i=1$，2，…，$n)$，则有

$$P(A_j \mid B)=\frac{P(A_j)P(B \mid A_j)}{\sum_{i=1}^{n} P(A_i)P(B \mid A_i)} \qquad j=1,2,\cdots,n.$$

(六) 独立性

两事件的独立性：若 $P(A|B)=P(A)$，则称事件 A，B 相互独立．

(1) 事件A，B相互独立的充分必要条件是$P(AB)=P(A)P(B)$；

(2) 若事件A，B独立，则A与$\bar{B}$，$\bar{A}$与B，$\bar{A}$与$\bar{B}$都相互独立；

(3) 在$P(A)>0$，$P(B)>0$的情况下，A，B相互独立和A，B互斥不能同时成立．

三事件的独立性如下．

(1) 三事件两两独立：设A，B，C是三事件，如果满足$\begin{cases}P(AB)=P(A)P(B),\\P(AC)=P(A)P(C),\\P(BC)=P(B)P(C).\end{cases}$

则称三事件A，B，C两两独立．

(2) 三事件相互独立：设A，B，C是三事件，如果满足$\begin{cases}P(AB)=P(A)P(B),\\P(AC)=P(A)P(C),\\P(BC)=P(B)P(C),\\P(ABC)=P(A)P(B)P(C).\end{cases}$

则称A，B，C是相互独立的事件．

三事件A，B，C两两独立未必相互独立．

***n*个事件的相互独立性**：设A_1，A_2，…，A_n是n个事件，如果对于其中任意$k(1<k\leqslant n)$个不同的事件，它们积事件的概率都等于各事件概率的乘积，则称事件A_1，A_2，…，A_n相互独立．

(1) n个事件相互独立共包含的等式总数为$\binom{n}{2}+\binom{n}{3}+\cdots+\binom{n}{n}=2^n-n-1$；

(2) 若事件A_1，A_2，…，A_n相互独立，则其中任意$k(1<k\leqslant n)$个事件也相互独立；

(3) 若n个事件A_1，A_2，…，A_n相互独立，则将A_1，A_2，…，A_n中任意多个事件换成它们的对立事件，所得的n个事件仍相互独立．

二、典型例题

(一) 事件的关系与运算

【例1】 设A，B，C为三事件，用A，B，C的运算表示下列各事件．

(1) A发生，B与C不发生；　　(2) A与B都发生，而C不发生；

(3) A，B，C中至少有一个发生；　　(4) A，B，C都发生；

(5) A，B，C都不发生；　　(6) A，B，C中不多于一个发生；

(7) A，B，C中不多于两个发生；　　(8) A，B，C中至少有两个发生．

解：(1) $A\bar{B}\bar{C}$；(2) $AB\bar{C}$；(3) $A\cup B\cup C$；(4) ABC；(5) $\bar{A}\bar{B}\bar{C}$；(6) $\bar{A}\bar{B}\cup\bar{B}\bar{C}\cup\bar{A}\bar{C}$；(7) $S-ABC$；(8) $AB\cup BC\cup AC$.

注：（1）$A\bar{B}\bar{C}=A-AB-AC+ABC$；

（2）$AB\bar{C}=AB-C=AB-ABC$；

（3）$A\cup B\cup C=A\bar{B}\bar{C}+\bar{A}B\bar{C}+\bar{A}\bar{B}C+AB\bar{C}+A\bar{B}C+\bar{A}BC+ABC$；

（5）$\bar{A}\bar{B}\bar{C}=\overline{A\cup B\cup C}=S-A\cup B\cup C$；

（6）$\bar{A}\bar{B}\cup\bar{B}\bar{C}\cup\bar{A}\bar{C}=A\bar{B}\bar{C}\cup\bar{A}B\bar{C}\cup\bar{A}\bar{B}C\cup\bar{A}\bar{B}\bar{C}$；

（7）$S-ABC=\overline{ABC}=\bar{A}\cup\bar{B}\cup\bar{C}$；

（8）$AB\cup BC\cup AC=AB\bar{C}\cup A\bar{B}C\cup\bar{A}BC\cup ABC$.

【例 2】 试求事件“甲种产品滞销，且乙种产品畅销”的对立事件.

解：设 A 表示“甲种产品畅销”，B 表示“乙种产品畅销”，

由题意，有 $\overline{\bar{A}\cap B}=A\cup\bar{B}$，即所求对立事件为“甲种产品畅销或乙种产品滞销”.

（二）概率的性质

【例 3】 设 $P(A)=0.5$，$P(B)=0.3$.（1）若 $B\subset A$，求 $P(\bar{A}\cup\bar{B})$；（2）若 A，B 互斥，求 $P(\bar{A}\bar{B})$；（3）若 $P(AB)=0.2$，求 $P(A\bar{B})$.

解：（1）若 $B\subset A$，则 $\bar{B}\supset\bar{A}$，所以

$$\bar{A}\cup\bar{B}=\bar{B},P(\bar{A}\cup\bar{B})=P(\bar{B})=1-P(B)=0.7;$$

（2）若 A，B 互斥，则 $AB=\Phi$，$P(AB)=0$，$P(\bar{A}\bar{B})=P(\overline{A\cup B})=1-P(A\cup B)$，即 $P(\bar{A}\bar{B})=1-P(A)-P(B)=1-0.5-0.3=0.2$；

（3）若 $P(AB)=0.2$，则 $P(A\bar{B})=P(A-AB)=P(A)-P(AB)=0.5-0.2=0.3$.

【例 4】 已知 $P(A)=0.4$，$P(B)=0.3$，$P(A\cup B)=0.6$，求 $P(A\bar{B})$.

解：因为 $P(A\cup B)=P(A)+P(B)-P(AB)$，所以

$$P(AB)=P(A)+P(B)-P(A\cup B)=0.1,$$
$$P(A\bar{B})=P(A-AB)=P(A)-P(AB)=0.3.$$

【例 5】 某地发行 A，B，C 三种报纸，已知在市民中订阅 A 报的有 45%，订阅 B 报的有 35%，订阅 C 报的有 30%，同时订阅 A 及 B 报的有 10%，同时订阅 A 及 C 报的有 8%，同时订阅 B 及 C 报的有 5%，同时订阅 A，B，C 报的有 3%. 试求下列事件的概率：

（1）至少订一种报纸；（2）只订 A 及 B 报；（3）只订 A 报；（4）不订任何报纸.

解：设订阅 A 报的为“A”事件，订阅 B 报的为“B”事件，订阅 C 报的为“C”事件，由已知 $P(A)=0.45$，$P(B)=0.35$，$P(C)=0.3$，$P(AB)=0.1$，

$P(AC)=0.08$，$P(BC)=0.05$，$P(ABC)=0.03$.

(1) 求至少订一种报纸的概率，即求 $P(A\cup B\cup C)$，由加法公式，得

$P(A\cup B\cup C)$

$=P(A)+P(B)+P(C)-P(AB)-P(AC)-P(BC)+P(ABC)=0.9$.

(2) 求只订 A 及 B 报的概率，即求 $P(AB\bar{C})$.

$P(AB\bar{C})=P(AB-ABC)=P(AB)-P(ABC)=0.1-0.03=0.07$.

(3) 求只订 A 报的概率，即求 $P(A\bar{B}\bar{C})$.

$$P(A\bar{B}\bar{C})=P(A)-P(AB)-P(AC)+P(ABC)$$
$$=0.45-0.1-0.08+0.03=0.3.$$

(4) 不订任何报纸，即求 $P(\bar{A}\bar{B}\bar{C})$.

$P(\bar{A}\bar{B}\bar{C})=P(\overline{A\cup B\cup C})=1-P(A\cup B\cup C)=1-0.9=0.1$.

(三) 等可能概型、条件概率、独立性

通过彩票问题，进行案例研究，即已知有彩票 $a+b$ 张，其中 a 张有奖。引出如下案例的概率问题.

1. 与抽取次序无关的概率问题

【例 6】 有彩票 $a+b$ 张，其中 a 张有奖. 现有 $a+b$ 个人依次抽取一张彩票，求第 $k(1\leqslant k\leqslant a+b)$ 个人抽到有奖彩票的概率.

分析：第 1 个人从 $a+b$ 中任抽 1 张，第 2 个人从 $a+b-1$ 中任抽 1 张，依次类推，当第 k 个人抽取时，前面已抽走了 $k-1$ 张，他只能从剩余的 $a+b-(k-1)$ 中抽取 1 张，此时发生的基本事件总数为 $(a+b)(a+b-1)\cdots[a+b-(k-1)]$，相当于样本空间所含的基本事件数.

若让第 $k(1\leqslant k\leqslant a+b)$ 个人抽到有奖的彩票，此人的彩票要从 a 张中抽取 1 张，那么第 1 个人抽取时，就从 $a+b-1$ 中任抽 1 张，第 2 个人从 $a+b-2$ 中任抽 1 张，依次类推，第 $k-1$ 个人从 $a+b-(k-1)$ 中任抽 1 张，这时发生的基本事件总数为 $(a+b-1)\cdots[a+b-(k-1)]a$，相当于事件"第 $k(1\leqslant k\leqslant a+b)$ 个人抽到有奖彩票"所含的基本事件数.

解：设 $A=\{$第 $k(1\leqslant k\leqslant a+b)$ 个人抽到有奖彩票$\}$，则所求概率为

$$P(A)=\frac{(a+b-1)(a+b-2)\cdots[a+b-(k-1)]a}{(a+b)(a+b-1)\cdots[a+b-(k-1)]}=\frac{a}{a+b}.$$

结论：尽管抽取次序不同，但每人抽到有奖彩票的概率是一样的，大家的机会相同.

【例 7】 袋中有 50 个乒乓球，其中 20 个是黄球，30 个是白球。今有两人依次随机地从袋中各取一球，取后不放回，求第二个人取得黄球的概率.

解：设 $A=\{$第二个人取得黄球$\}$，则 $P(A)=\frac{20}{50}=0.4$.

2. 超几何分布的概率问题

【例 8】 有彩票 $a+b$ 张，其中 a 张有奖。从 $a+b$ 中抽取了 c 张，求恰好 d 张有奖的概率.

分析：样本空间所含的基本事件数为从 $a+b$ 中抽取了 c 张彩票的抽取方法数，即 C_{a+b}^{c}，要完成"c 张中恰好 d 张有奖"，就必须从有奖彩票 a 张中抽取 d 张，从无奖彩票 b 张中抽取 $c-d$ 张，即事件"c 张中恰好 d 张有奖"所含的基本事件数为 $C_a^d C_b^{c-d}$.

解：设 $A=\{c$ 张中恰好 d 张有奖$\}$，$P(A)=\frac{C_a^d C_b^{c-d}}{C_{a+b}^c}$.

对应的超几何分布的概率问题：设有 N 件产品，其中有 D 件次品。从这批产品中任取 n 件产品，求其中恰有 $k(k\leqslant D)$ 件次品的概率. 即为公式

$$P=\frac{C_D^k C_{N-D}^{n-k}}{C_N^n}.$$

此式可推广到从袋中取球、从箱子中取产品等概率问题.

【例 9】 盒中有 4 个白球，2 个红球，现从中随机取球两次，每次随机地取一个，不放回抽样，求（1）取到的两个球都是白球的概率；（2）取到的两个球颜色不同的概率；（3）取到的两个球至少有一个是白球的概率.

解：设 $A=\{$取到的两个球都是白球$\}$，$B=\{$取到的两个球颜色不同$\}$，$C=\{$取到的两个球至少有一个是白球$\}$.

（1）$P(A)=\frac{C_4^2}{C_6^2}=\frac{2}{5}$；　　（2）$P(B)=\frac{C_4^1 C_2^1}{C_6^2}=\frac{8}{15}$；

（3）$P(C)=P(A)+P(B)=\frac{14}{15}$.

3. 生日的概率问题

【例 10】 将 10 张彩票随机送给 15 人，求每人至多得到一张彩票的概率.

分析：将 10 张彩票随机送给 15 人，送的方法有 15^{10} 种，满足"每人至多得到一张彩票"的送法有 $15\times14\times13\times\cdots\times6$ 种.

解：设 $A=\{$每人至多得到一张彩票$\}$，$P(A)=\frac{15\times14\times13\times\cdots\times6}{15^{10}}$.

相应的概率问题：将 n 只球随机放入 $N(N\geqslant n)$ 个盒子中去，试求每个盒子至多有一只球的概率（设盒子的容量不限），即 $P=\frac{N(N-1)(N-2)\cdots(N-n+1)}{N^n}$.

对应的生日问题：设一年 365 天，现有 30 人．求

(1) 他们的生日各不相同的概率，即 $P=\dfrac{365\times364\times363\times\cdots\times336}{365^{30}}$.

(2) 至少有两人在同一天过生日的概率，即 $P=1-\dfrac{365\times364\times363\times\cdots\times336}{365^{30}}$.

对于问题 (2) 统计如下：

n(人数)	20	23	30	40	50	64	100
P(概率)	0.41	0.507	0.706	0.891	0.97	0.997	0.9999997

4. 分组的概率问题

【例 11】 有 100 张彩票，其中 4 张有奖．现将 100 张彩票平均分成 4 组．求 (1) 每组均有 1 张有奖彩票的概率；(2) 4 张有奖彩票分到同一组的概率．

分析： 将 100 张彩票平均分成 4 组，每组将有 25 张，分法有 $C_{100}^{25}C_{75}^{25}C_{50}^{25}C_{25}^{25}$ 种．满足"每组均有一张有奖彩票"的分法有 $C_4^1C_{96}^{24}C_3^1C_{72}^{24}C_2^1C_{48}^{24}C_1^1C_{24}^{24}$ 种．满足"4 张有奖彩票分到同一组"的分法有 $C_4^1C_4^4C_{96}^{21}C_{75}^{25}C_{50}^{25}C_{25}^{25}$ 种．

解： 设 $A_1=\{$每组均有一张有奖彩票$\}$，$A_2=\{$4 张有奖彩票分到同一组$\}$

(1) $P(A_1)=\dfrac{C_4^1C_{96}^{24}C_3^1C_{72}^{24}C_2^1C_{48}^{24}C_1^1C_{24}^{24}}{C_{100}^{25}C_{75}^{25}C_{50}^{25}C_{25}^{25}}=\dfrac{4!C_{96}^{24}C_{72}^{24}C_{48}^{24}}{C_{100}^{25}C_{75}^{25}C_{50}^{25}}$,

(2) $P(A_2)=\dfrac{C_4^1C_4^4C_{96}^{21}C_{75}^{25}C_{50}^{25}C_{25}^{25}}{C_{100}^{25}C_{75}^{25}C_{50}^{25}C_{25}^{25}}=\dfrac{4C_{96}^{21}}{C_{100}^{25}}$.

类似问题：将 15 名新生随机地平分到三个班级中去，这 15 名新生中有 3 名是优秀生．问

(1) 每一个班级分配到一名优秀生的概率是多少？

(2) 3 名优秀生分配到在同一班级的概率是多少？

5. 随机取数问题

【例 12】 在 1～100 的整数中任取 1 个数，求此数能被 2 或 3 或 5 整除的概率是多少？

分析： 1～100 的整数中，能被 2 整除的有 50 个，能被 3 整除的有 33 个，能被 5 整除的有 20 个，能被 6 整除的有 16 个，能被 10 整除的有 10 个，能被 15 整除的有 6 个，能被 30 整除的有 3 个．

解： 在 1～100 的整数中设 $A=\{$能被 2 整除的个数$\}$，$B=\{$能被 3 整除的个数$\}$，$C=\{$能被 5 整除的个数$\}$，则所求的概率为

$P(A\cup B\cup C)=P(A)+P(B)+P(C)-P(AB)-P(AC)-P(BC)+P(ABC)$

$$=\frac{50}{100}+\frac{33}{100}+\frac{20}{100}-\frac{16}{100}-\frac{10}{100}-\frac{6}{100}+\frac{3}{100}=0.74.$$

6. 乘法公式运用

【例 13】 一批零件共 100 个，次品率为 10%，每次从中取一个零件，取出的零件不再放回去，求第三次才取到合格品的概率.

分析： 第三次才取到合格品，说明第一次和第二次都没有取到合格品.

解： 设 $A_i=\{$第 i 次取到的是合格品$\}$，$i=1, 2, 3$，所求概率为

$$P(\bar{A}_1\bar{A}_2A_3)=P(\bar{A}_1)P(\bar{A}_2|\bar{A}_1)P(A_3|\bar{A}_1\bar{A}_2)=\frac{10}{100}\times\frac{9}{99}\times\frac{90}{98}\approx 0.0083.$$

【例 14】 据以往资料，某一家 3 口患某种传染病的概率有以下规律：

$P\{$孩子得病$\}=0.6$，$P\{$母亲得病$|$孩子得病$\}=0.5$，$P\{$父亲得病$|$母亲及孩子得病$\}=0.4$，求母亲及孩子得病但父亲未得病的概率.

解： 设 $A=\{$孩子得病$\}$，$B=\{$母亲得病$\}$，$C=\{$父亲得病$\}$，由已知，得：

$$P(A)=0.6, P(B|A)=0.5, P(C|AB)=0.4,$$

所求的概率为 $P(AB\bar{C})=P(A)P(B|A)P(\bar{C}|AB)=0.6\times 0.5\times(1-0.4)=0.18.$

7. 全概率公式及贝叶斯公式应用

【例 15】 已知某电子设备制造厂所用的元件是由三家元件制造厂提供的，根据以往的记录有以下的数据：

元件制造厂	次品率	提供元件的份额
1	0.02	0.15
2	0.01	0.80
3	0.03	0.05

设这三家工厂的产品在仓库中是均匀混合的，且无区别的标志. 现在仓库中随机地取一只元件，(1) 求它是次品的概率；(2) 若取到的是次品，求此次品由三家工厂生产的概率.

解： 设 $A_i=\{$取得的产品是由第 i 家工厂提供的$\}$，$i=1, 2, 3$；$B=\{$取到的是一只次品$\}$.

由已知得：$P(A_1)=0.15, P(A_2)=0.80, P(A_3)=0.05,$

$$P(B|A_1)=0.02, P(B|A_2)=0.01, P(B|A_3)=0.03.$$

(1) 由全概率公式 $\quad P(B)=\sum_{i=1}^{3}P(A_i)P(B|A_i)=0.0125.$

(2) 由贝叶斯公式 $P(A_1|B)=\dfrac{P(B|A_1)P(A_1)}{P(B)}=0.24$,

同理得 $P(A_2|B)=0.64, P(A_3|B)=0.12$.

结果表明，这只次品来自第2家工厂的可能性最大.

【例16】 有10个袋子，各袋中装球的情况如下：

(1) 2个袋子中各装有2个白球与4个黑球；

(2) 3个袋子中各装有3个白球与3个黑球；

(3) 5个袋子中各装有4个白球与2个黑球.

现任选一个袋子，并从其中任取2个球，求取出的2个球都是白球的概率.

解：设 $A_i=\{$第 i 种装球情况的袋子$\}$，$i=1, 2, 3$，$B=\{$取出的2个球都是白球$\}$.

由已知得：$P(A_1)=0.2$，$P(A_2)=0.3$，$P(A_3)=0.5$，

$$P(B|A_1)=\frac{C_2^2}{C_6^2}=\frac{1}{15}, \ P(B|A_2)=\frac{C_3^2}{C_6^2}=\frac{3}{15}, \ P(B|A_3)=\frac{C_4^2}{C_6^2}=\frac{6}{15}.$$

由全概率公式 $P(B)=\sum_{i=1}^{3}P(A_i)P(B|A_i)=\dfrac{41}{150}$.

【例17】 有两个箱子，第一个箱子中有3个白球，2个红球，第二个箱子中有4个白球，4个红球，现从第一个箱子中随机地取出一个球放到第二个箱子里，再从第二个箱子中取出一个球.（1）求此球是白球的概率；（2）若已知上述从第二个箱子中抽出的球是白球，求从第一个箱子中取出的球是白球的概率.

解：设 $A=\{$从第一个箱子中取出的球是白球$\}$，$B=\{$从第二个箱子中取出的球是白球$\}$.

由已知得：$P(A)=\dfrac{3}{5}$，$P(B|A)=\dfrac{5}{9}$，$P(B|\bar{A})=\dfrac{4}{9}$. 所求概率

(1) $P(B)=P(A)P(B|A)+P(\bar{A})P(B|\bar{A})=\dfrac{23}{45}$,

(2) $P(A|B)=\dfrac{P(A)P(B|A)}{P(A)P(B|A)+P(\bar{A})P(B|\bar{A})}=\dfrac{15}{23}$.

8. 独立性应用

【例18】 甲乙同时向一敌机炮击. 已知甲击中敌机的概率为0.6，乙击中敌机的概率为0.5.

(1) 求敌机被击中的概率；(2) 如果目标被击中，求它是甲击中的概率.

解：设 $A=\{$甲击中敌机$\}$，$B=\{$乙击中敌机$\}$，$C=\{$敌机被击中$\}$.

由已知得：$P(A)=0.6$，$P(B)=0.5$. 所求概率为

(1) $P(C)=1-P(\bar{A}\bar{B})=1-P(\bar{A})P(\bar{B})=0.8$；

(2) $P(A|C)=\dfrac{P(AC)}{P(C)}=\dfrac{P(A)}{P(C)}=0.75$.

【例 19】 某工人同时看管三台机床，每单位时间（如 30min）内机床不需要看管的概率：甲机床为 0.9，乙机床为 0.8，丙机床为 0.85. 若机床是自动且独立地工作，求

(1) 每单位时间内三台机床都不需要看管的概率；

(2) 每单位时间内甲、乙机床不需要看管，且丙机床需要看管的概率.

解：设 $A_k(k=1,2,3)$ 分别表示甲、乙、丙三台机床不需要看管的事件.

由已知得：$P(A_1)=0.9$，$P(A_2)=0.8$，$P(A_3)=0.85$. 所求概率为

(1) $P(A_1A_2A_3)=P(A_1)P(A_2)P(A_3)=0.9\times0.8\times0.85=0.612$，

(2) $P(A_1A_2\bar{A}_3)=P(A_1)P(A_2)P(\bar{A}_3)=0.9\times0.8\times0.15=0.108$.

三、综合练习

(一) 填空题

1. 事件“甲种产品滞销，且乙种产品畅销”的对立事件为__________.

2. 已知 $P(A)=0.4$，$P(B)=0.3$，$P(A\cup B)=0.6$，则 $P(A\bar{B})$ __________.

3. 已知 $P(A)=0.6$，$P(A-B)=0.3$，则 $P(\overline{AB})$ =__________.

4. 袋中有 50 个乒乓球，其中 20 个是黄球，30 个是白球。今有三人依次随机地从袋中各取一球，取后不放回，求第三个人取得黄球的概率为__________.

5. 已知 $P(A)=0.3$，$P(B)=0.6$，且事件 A，B 互不相容，则 $P(A\cup B)=$__________.

6. 一盒子中装有 4 个产品，其中有 3 个正品，1 个次品．按不放回抽样抽产品两次，每次抽取一个，设事件 A 为“第一次取到的是正品”，事件 B 为“第二次取到的是正品”，则条件概率 $P(B|A)=$__________.

7. 已知甲击中敌机的概率为 0.4，乙击中敌机的概率为 0.5，现从甲乙两人中任选一人，由此人射击，则敌机被击中的概率为__________.

8. 四人独立地去破译一份密码，他们译出的概率分别为 $\frac{1}{5}$，$\frac{1}{3}$，$\frac{1}{4}$，$\frac{1}{2}$，则能将此密码译出的概率为__________.

9. 若 A 与 B 相互独立，$P(A)=0.4$，$P(A\cup B)=0.7$，则 $P(B)=$__________.

10. 设事件 A 与 B 独立，且 $P(A\bar{B})=P(\bar{A}B)=1/4$，则 $P(A)=$__________；$P(B)=$__________.

(二) 选择题

1. 已知 $P(A)=P(B)=P(C)=\frac{1}{4}$，$P(AB)=0$，$P(AC)=P(BC)=\frac{1}{10}$，则 A，B，C 全不发生的概率为____.

A. $\frac{11}{20}$　　B. $\frac{3}{20}$　　C. $\frac{3}{4}$　　D. $\frac{9}{20}$

2. 袋中有 a 个红球，b 个白球，从中任意连续地摸出 $k+1$ 个球（$k+1<a+b$），每次摸出的球不放回袋中，则最后一次摸到红球的概率是____.

A. $\frac{a}{a+b}$　　B. $\frac{a!}{(a+b)!}$　　C. $\frac{k+1}{a+b}$　　D. $\frac{A_a^{k+1}}{A_{a+b}^{k+1}}$

3. 将 3 只球随机地放入 4 个杯子中去，则每只杯子至多放入一个球的概率为____.

A. $\frac{3}{4}$　　B. $\frac{1}{16}$　　C. $\frac{3}{16}$　　D. $\frac{3}{8}$

4. 已知 $P(A)=0.4$，$P(B)=0.6$，$P(B|A)=0.8$，则 $P(A\cup B)=$____.

A. 0.68　　B. 0.52　　C. 0.2　　D. 1

5. $P(A)=0.6$，$P(A\cup B)=0.84$，$P(\bar{B}|A)=0.4$，则 $P(B)=$____.

A. 0.4　　B. 0.6　　C. 0.84　　D. 0.16

(三) 综合题

1. 在 1～100 的整数中任意抽取一个数，设 A 表示抽取能被 2 整除的数，B 表示抽取能被 3 整除的数，C 表示抽取能被 5 整除的数．求 (1) $P(ABC)$；(2) $P(A\cup B\cup C)$．

2. 在 1～100 的整数中任取 1 个数，求此数既不能被 6 又不能 8 整除的概率．

3. 将 3 只球随机地放入 5 个杯子中去，求其中有 2 只球放入同一个杯子的概率．

4. 袋中有 5 个球，3 新 2 旧，每次取出 1 个，用后放回，新球用过一次即算旧球．设 $A=\{$第一次取到新球$\}$，$B=\{$第二次取到新球$\}$．试求 $P(A)$，$P(AB)$，$P(\bar{A}B)$，$P(B)$．

5. 一批零件共 100 个，次品率为 10%，每次从中取一个零件，取出的零件不再放回去，求第三次才取到合格品的概率．

6. 以往资料表明，某一三口之家，患某种传染病的概率有以下规律：

$P\{$孩子得病$\}=0.6$，$P\{$母亲得病$|$孩子得病$\}=0.5$，$P\{$父亲得病$|$母亲及孩子得病$\}=0.4$，求一家三口均得上该种传染病的概率．

7. 发报台分别以概率 0.6 和 0.4 发出信号“A”和“B”，由于通信系统受到干扰，当发出信号“A”时，收报台未必收到信号“A”，而是分别以概率0.8和0.2收到信号“A”和信号“B”；同样，发出“B”时分别以概率0.9和0.1收到“B”和“A”．(1) 求收报台收到信号“A”的概率；(2) 如果收报台收到信号“A”，求它没收错的概率．

8. 根据以往的临床记录，某种诊断癌症的试验有如下效果：若以A表示事件“试验反应为阳性”，以C表示事件“被诊断者患有癌症”，则有$P(A|C)=0.95$，$P(\bar{A}|\bar{C})=0.95$。现在对自然人群进行普查，设被试验的人患有癌症的概率为0.005，即$P(C)=0.005$，试求$P(C|A)$.

9. 市场上某种商品由三个厂家同时供应，其供应量为：甲厂家是乙厂家的2倍，乙和丙两个厂家的相等，且各厂产品的次品率为2%，2%，4%．(1) 求市场上该种商品的次品率；(2) 若从市场上的商品中随机抽取一件，发现是次品，求它是甲厂生产的概率．

10. 设甲袋中有6只红球、4只白球，乙袋中有7只红球、3只白球，现在从甲袋中随机取一球放入乙袋，再从乙袋中随机取一球，试求 (1) 两次都取到红球的概率；(2) 从乙袋中取到红球的概率．

11. 设工厂A和工厂B的产品次品率分别为1%和2%，现从由A和B的产品分别占60%和40%的一批产品中随机抽取一件，发现是次品，求该次品属A工厂生产的概率．

12. 有两箱同种类的零件，第一箱装50只，其中10只一等品，第二箱装30只，其中18只一等品．今从两箱中任意挑出一箱，然后从该箱中取零件两次，每次任取一只，不放回．求 (1) 第一次取到的零件是一等品的概率；(2) 在第一次取到的零件是一等品的条件下，第二次取到的也是一等品的概率．

13. 一学生接连参加同一课程的两次考试．第一次及格的概率为p，若第一次及格则第二次及格的概率也为p；若第一次不及格则第二次及格的概率为$\frac{p}{2}$.
(1) 若至少有一次及格则他能取得某种资格，求他取得该资格的概率；(2) 若已知他第二次已经及格，求他第一次及格的概率．

14. 有两种花籽，发芽率分别为0.8，0.9，从中各取一颗，设花籽是否发芽相互独立．求 (1) 这两颗花籽都能发芽的概率； (2) 至少有一颗发芽的概率；(3) 恰有一颗发芽的概率．

15. 根据报道某地区人血型的分布近似地为：A型37%，O型为44%，B型为13%，AB型为6%. 夫妻拥有的血型是相互独立的．

(1) B型的人只有输入B和O两种血型才安全．若妻为B型，夫为何种血型未知，求夫是妻的安全输血者的概率；

(2) 随机地取一对夫妇，求妻为 A 型，夫为 B 型的概率；

(3) 随机地取一对夫妇，求其中一人为 A 型，另一人为 B 型的概率；

(4) 随机地取一对夫妇，求其中至少有一人为 O 型的概率．

16. 设第一只盒子中装有 3 只蓝球、2 只绿球、2 只白球；第二只盒子中装有 2 只蓝球、3 只绿球、4 只白球．独立地分别在两只盒子中各取一只球．

(1) 求至少有一只蓝球的概率；

(2) 求有一只蓝球一只白球的概率；

(3) 已知至少有一只蓝球，求有一只蓝球一只白球的概率．

第一章综合练习参考答案

第二章　随机变量及其分布

一、基本概念

(一) 随机变量

随机变量：设随机试验 E 的样本空间为 S，若 $\forall e \in S$，有一个实数 $X(e)$ 与之对应，则 $X(e)$ 称为随机变量，并简记为 X. 随机变量主要有离散型随机变量和连续型随机变量．

(二) 离散型随机变量及其分布律

离散型随机变量：如果随机变量 X 的所有可能取值只有有限个或可列无限个，则称 X 为离散型随机变量．

分布律：设随机变量 X 的取值为 x_k（$k=1, 2, \cdots$），且

$$P(X=x_k)=p_k, \quad k=1, 2, \cdots \tag{2-1}$$

如果满足：(1) $p_k \geqslant 0$，$k=1, 2, \cdots$；(2) $\sum\limits_{k=1}^{\infty} p_k=1$.

则称式（2-1）为随机变量 X 的概率分布（或分布律）．表格形式为

X	x_1	x_2	$\cdots$	x_k	$\cdots$
P_k	p_1	p_2	$\cdots$	p_k	$\cdots$

常见的离散型分布

(1)（0−1）分布：若 $P(X=k)=p^k(1-p)^{1-k}$，$k=0, 1$，则称 X 服从（0−1）分布或两点分布，记为 $X \sim (0-1)$，其表格形式为

X	0	1
P_k	$1-p$	p

(2) 二项分布：若 $P(X=k)=C_n^k p^k(1-p)^{n-k}$，$k=0, 1, \cdots, n$，则称 X 服从二项分布，记为 $X\sim b(n, p)$（注：$n=1$ 时，二项分布转化为（0－1）分布；事实上，二项分布是 n 个相互独立的（0－1）分布的和；（0－1）分布是二项分布的特例；当 $k=[(n+1)p]$ 时，二项分布的概率达到最大值）.

(3) 泊松分布：若 $P(X=k)=\dfrac{\lambda^k e^{-\lambda}}{k!}$，$k=0, 1, \cdots$，$\lambda>0$，则称 X 服从泊松分布，记为 $X\sim\pi(\lambda)$（注：$\lim\limits_{n\to+\infty} C_n^k p^k(1-p)^{n-k}=\dfrac{\lambda^k e^{-\lambda}}{k!}$，$k=0, 1, \cdots$，其中 $\lambda=np$，此称为泊松定理）.

(4) 超几何分布：若 $P(X=k)=\dfrac{C_M^k C_{N-M}^{n-k}}{C_N^n}$，$k=1, 2, \cdots, l$，$l=\min\{n, M\}$，称 X 服从超几何分布，记为 $X\sim H(n, M, N)$.

(5) 几何分布：若 $P(X=k)=p(1-p)^{k-1}$，$k=1, 2, \cdots$，则称 X 服从几何分布.

（三）随机变量的分布函数

分布函数的定义：设有随机变量 X，对于任何实数 x，称概率 $P\{X\leqslant x\}$ 为随机变量 X 的分布函数，记为 $F(x)=P\{X\leqslant x\}$，$-\infty<x<+\infty$.

分布函数的性质：

(1) $F(x)$ 是一个不减函数，即 $\forall a<b$，有 $F(a)\leqslant F(b)$；

(2) $0\leqslant F(x)\leqslant 1$，$F(-\infty)=0$，$F(+\infty)=1$；

(3) $F(x)$ 是右连续函数，即 $\forall x$，$F(x+0)=F(x)$.

（四）连续型随机变量及其概率密度

连续型随机变量：如果对于随机变量 X 的分布函数 $F(x)$，存在一个非负函数 $f(x)$，使对于任意实数 x 有 $F(x)=P\{X\leqslant x\}=\int_{-\infty}^{x} f(t)\mathrm{d}t$，则称 X 为**连续型随机变量**，其中 $f(x)$ 称为 X 的**概率密度函数**，简称**概率密度**.

连续型随机变量的性质：

(1) $f(x)\geqslant 0$；

(2) $\int_{-\infty}^{+\infty} f(x)\mathrm{d}x=1$；

(3) $P\{a<X\leqslant b\}=\int_a^b f(x)\mathrm{d}x=F(b)-F(a)\ (b\geqslant a)$；

(4) $F'(x)=f(x)$（在 $f(x)$ 的连续点处）；

(5) 对于任意指定实数 a，$P\{X=a\}=0$；

(6) $F(x)$ 是连续函数.

常见的连续型分布：

(1) 均匀分布：$X \sim U(a, b)$．

$$f(x)=\begin{cases}\dfrac{1}{b-a}, & a<x<b,\\ 0, & \text{其他}.\end{cases}\quad F(x)=\begin{cases}0, & x\leqslant a,\\ \dfrac{x-a}{b-a}, & a<x<b,\\ 1, & x\geqslant b.\end{cases}$$

性质：若$(c, c+l)\subset(a, b)$，则 $P\{c<X<c+l\}=\dfrac{l}{b-a}$.

$f(x)$的图形如图 2-1 所示．

(2) 指数分布：$X \sim E(\theta)$，其中 $\theta>0$.

$$f(x)=\begin{cases}\dfrac{1}{\theta}\mathrm{e}^{-x/\theta}, & x>0,\\ 0, & x\leqslant 0.\end{cases}\quad F(x)=\begin{cases}1-\mathrm{e}^{-x/\theta}, & x>0,\\ 0, & x\leqslant 0.\end{cases}$$

性质：无记忆性，即对于任意实数 s，t，有 $P\{X>s+t \mid X>s\}=P\{X>t\}$.

$f(x)$的图形如图 2-2 所示．

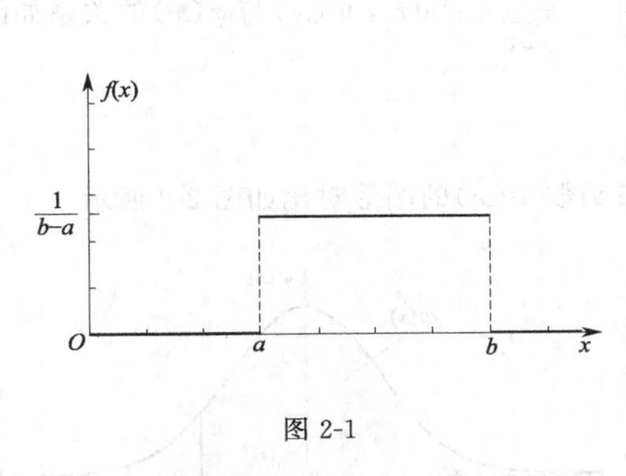

图 2-1

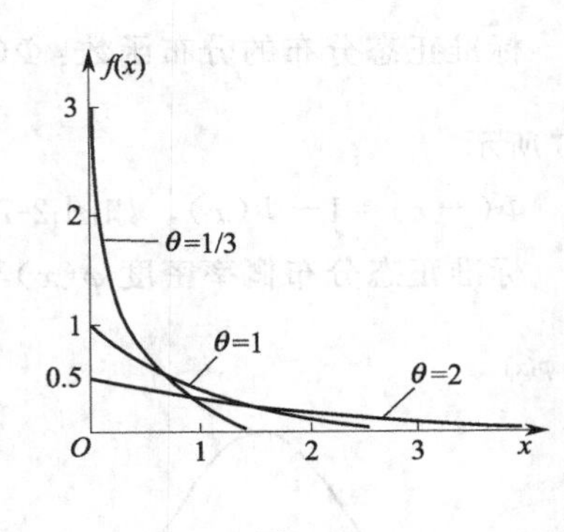

图 2-2

(3) 正态分布：$X \sim N(\mu, \sigma^2)$，其中 $\sigma>0$.

$$f(x)=\frac{1}{\sqrt{2\pi}\sigma}\mathrm{e}^{-\frac{(x-\mu)^2}{2\sigma^2}}, F(x)=\frac{1}{\sqrt{2\pi}\sigma}\int_{-\infty}^{x}\mathrm{e}^{-\frac{(x-\mu)^2}{2\sigma^2}}\mathrm{d}x, -\infty<x<+\infty$$，如图 2-3 所示.

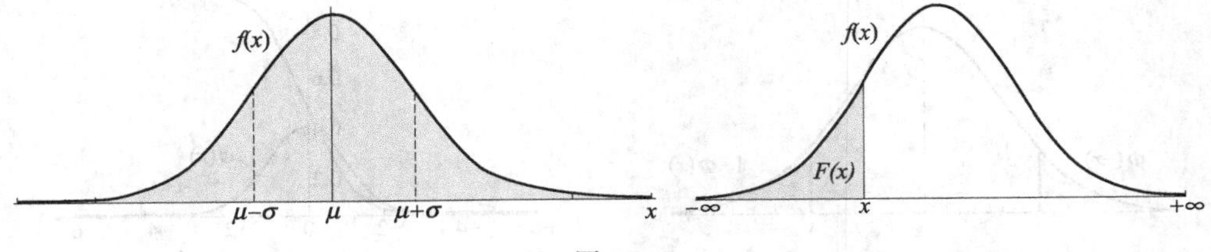

图 2-3

性质：曲线 $f(x)$关于 μ 对称，μ 决定曲线 $f(x)$的位置，σ 决定曲线 $f(x)$的峰值．

如图 2-4 所示．

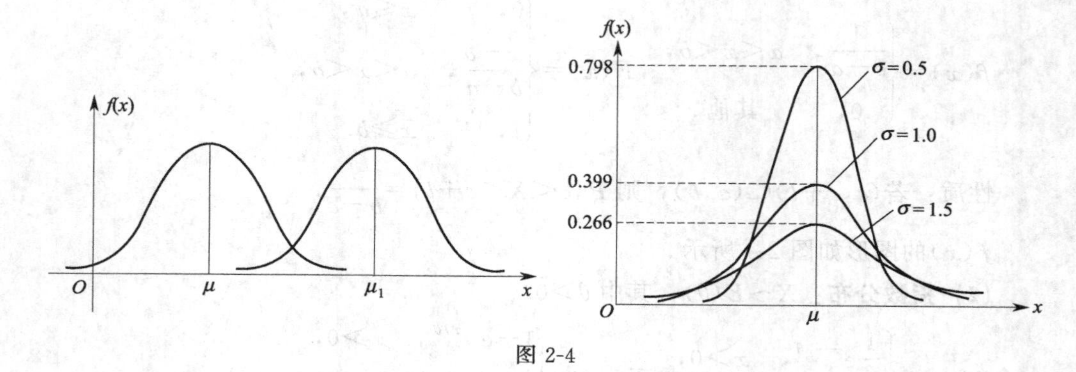

图 2-4

标准正态分布：$\mu=0$，$\sigma=1$ 时，记为 $N(0,1)$．

标准正态分布的概率密度：$\varphi(x)=\dfrac{1}{\sqrt{2\pi}}\mathrm{e}^{-\frac{x^2}{2}}$，$\varphi(x)$ 的图形如图 2-5 所示．

标准正态分布的分布函数：$\Phi(x)=\int_{-\infty}^{x}\dfrac{1}{\sqrt{2\pi}}\mathrm{e}^{-\frac{x^2}{2}}\mathrm{d}x$，$\Phi(x)$与 $\varphi(x)$的关系如图 2-6 所示．

$\Phi(-x)=1-\Phi(x)$，如图 2-7 所示．

标准正态分布概率密度 $\varphi(x)$与分布函数 $\Phi(x)$的图形对比如图 2-8 所示．

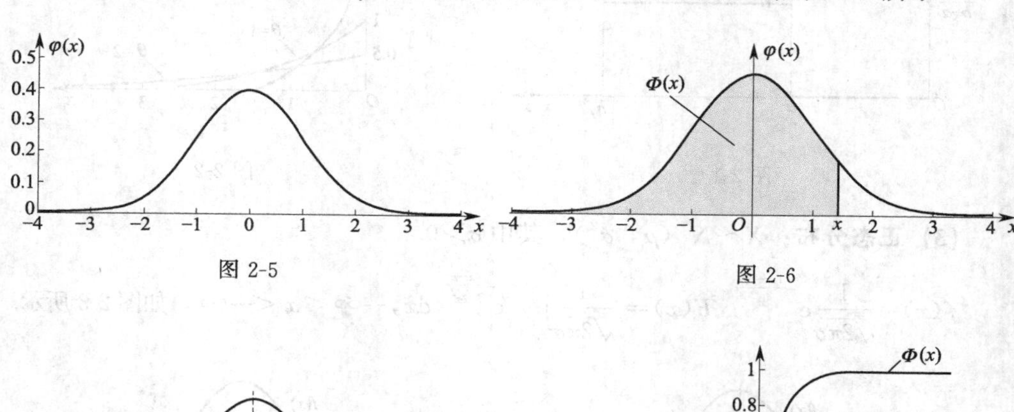

图 2-5

图 2-6

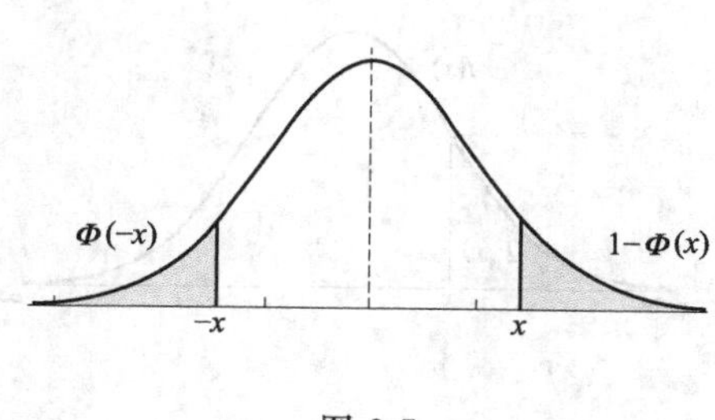

图 2-7

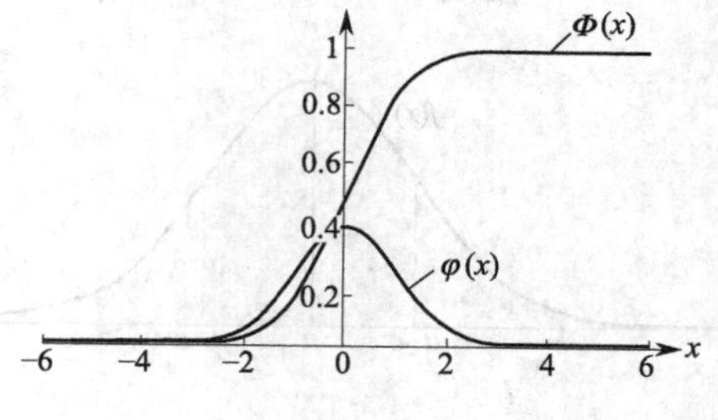

图 2-8

重要性质：

① 若 $X \sim N(\mu, \sigma^2)$，则 $\frac{X-\mu}{\sigma} \sim N(0, 1)$，此称为对随机变量 X 的标准化；

② $P\{X \leqslant x\} = \Phi\left(\frac{x-\mu}{\sigma}\right)$，$P\{x_1 < X \leqslant x_2\} = \Phi\left(\frac{x_2-\mu}{\sigma}\right) - \Phi\left(\frac{x_1-\mu}{\sigma}\right)$；

③ $P\{|X-\mu| \leqslant \sigma\} = 2\Phi(1)-1 = 0.6826$，$P\{|X-\mu| \leqslant 2\sigma\} = 2\Phi(2)-1 = 0.9544$，$P\{|X-\mu| \leqslant 3\sigma\} = 2\Phi(3)-1 = 0.9974$，此式称为"$3\sigma$ 法则"，如图 2-9 所示 .

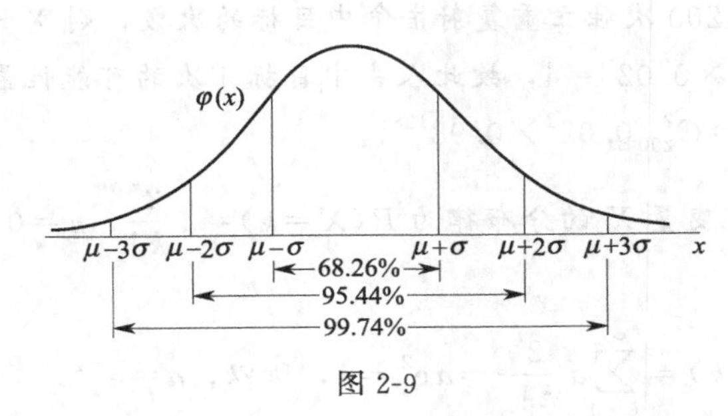

图 2-9

(五) 随机变量的函数的分布

1. 离散型随机变量的函数的分布

已知 X 的分布律 $P(X=x_k)=p_k$，$k=1, 2, \cdots$，求 $Y=g(X)$ 的分布律 .

步骤：(1) 首先由 X 的取值，求出 Y 的值；(2) 求出 Y 取各值的概率，即

$$P\{Y=y_j\} = \sum_{y_j=g(x_i)} p_i .$$

2. 连续型随机变量的函数的分布

已知 X 的概率密度为 $f_X(x)$，求 $Y=g(X)$的概率密度 .

(1) 分布函数法 . 先求出 Y 的分布函数：

$$F_Y(y) = P\{Y \leqslant y\} = P\{g(X) \leqslant y\} = \int_{g(X) \leqslant y} f_X(x) \mathrm{d}x ;$$

再求出 Y 的概率密度：$f(y)=F'_Y(y)$（连续点处）.

(2) 公式法 . 设 X 的密度函数为 $f_X(x)$，当 $Y=g(X)$在 (a,b) 上单调、可导时，Y 的密度函数为：$f_Y(y) = \begin{cases} f_X[h(y)]|h'(y)|, & \alpha < y < \beta, \\ 0, & \text{其它} . \end{cases}$

式中，$h(y)$ 是 $g(x)$ 的反函数；$\alpha = \min\{g(a), g(b)\}$，$\beta = \max\{g(a), g(b)\}$.

有关结论：

(1) 若 $X \sim N(\mu, \sigma^2)$，则 $aX+b \sim N(a\mu+b, a^2\sigma^2), a \neq 0$.

(2) 若 $X \sim N(0, 1)$，则 $X^2 \sim \chi^2(1)$.

(3) 若 $X \sim U(a, b)$，则 $cX+d \sim U(ac+d, bc+d)$，其中 $c>0$.

(4) 若 $X \sim E(\theta)$，则 $aX \sim E(a\theta)$，其中 $a>0$.

二、典型例题

【例 1】 某人向同一目标独立重复射击 200 次，每次命中目标的概率为 0.02.(1) 此人击中目标多少次的可能性最大？(2) 求此人恰好击中目标 2 次的概率（写出表达式即可）.

解： 设 X 表示 200 次独立重复射击命中目标的次数，则 $X \sim b(200, 0.02)$.

(1) $[(200+1)\times 0.02]=4$，故此人击中目标 4 次的可能性最大；

(2) $P(X=2)=C_{200}^{2}0.02^2\times 0.98^{198}$.

【例 2】 设随机变量 X 的分布律为 $P(X=k)=a\dfrac{2^k}{k!}$，$k=0, 1, 2, \cdots$，求常数 a.

解： $\sum\limits_{k=0}^{\infty}P(X=k)=\sum\limits_{k=0}^{\infty}a\dfrac{2^k}{k!}=a\mathrm{e}^2=1$，所以，$a=\mathrm{e}^{-2}$.

【例 3】 某工厂现有同类设备 300 台，每台工作相互独立，发生故障的概率为 0.01，通常一台设备的故障可由一个人来排除.

(1) 为了保证设备发生故障不能排除的概率小于 0.01，至少应配备多少维修工人？(2) 若一人包干 20 台，求设备发生故障不能排除的概率.

解： X 表示同一时刻发生故障设备的台数.

(1) 设至少应配备 N 个维修工人，由题意 $X \sim b(300, 0.01)$，$np=300\times 0.01=3$，$P(X>N)=1-\sum\limits_{k=0}^{N}C_{300}^{k}(0.01)^k(0.99)^{300-k}\approx 1-\sum\limits_{k=0}^{N}\dfrac{3^k\mathrm{e}^{-3}}{k!}<0.01$. 即 $\sum\limits_{k=0}^{N}\dfrac{3^k\mathrm{e}^{-3}}{k!}>0.99$.

查泊松分布表，当 $N=8$ 时满足此不等式，所以至少应配备 8 个维修工人.

(2) 若一人包干 20 台，设备发生故障不能排除，即 $X\geqslant 2$. 此时 $X \sim b(20, 0.01)$，仿照 (1)，

$$P(X\geqslant 2)\approx\sum_{k=2}^{\infty}\frac{0.2^k\mathrm{e}^{-0.2}}{k!}\approx 0.0175.$$

【例 4】 一本 500 页的书共有 500 个错字，每个错字等可能地出现在每一页上，试求在给定的一页上至少有三个错字的概率.

解： 设给定的一页上错字个数为 X，$X\sim b\left(500, \dfrac{1}{500}\right)$，$np=500\times\dfrac{1}{500}=1$，所求的概率为

$$P(X \geqslant 3)=1-\sum_{k=0}^{2} C_{500}^{k}\left(\frac{1}{500}\right)^{k}\left(1-\frac{1}{500}\right)^{500-k} \approx 1-\sum_{k=0}^{2} \frac{e^{-1}}{k!} \approx 0.0803.$$

【例 5】 设 X 的分布律为 $X \sim \begin{pmatrix} 1 & 2 & 3 \\ 0.1 & 0.3 & 0.6 \end{pmatrix}$.

(1) 求 X 的分布函数 $F(x)$；(2) 求 $P(1<X \leqslant 2), P(1 \leqslant X<3), P(X<4)$.

解：(1) 当 $x<1$ 时，$F(x)=0$；当 $1 \leqslant x<2$ 时，$F(x)=P(X=1)=0.1$；

当 $2 \leqslant x<3$ 时，$F(x)=P(X=1)+P(X=2)=0.4$；

当 $x \geqslant 3$ 时，$F(x)=P(X=1)+P(X=2)+P(X=3)=1$；

故 X 的分布函数为 $F(x)=\begin{cases} 0, & x<1, \\ 0.1, & 1 \leqslant x<2, \\ 0.4, & 2 \leqslant x<3, \\ 1, & x \geqslant 3. \end{cases}$

(2) $P(1<X \leqslant 2)=P(X=2)=0.3$；

$P(1 \leqslant X<3)=P(X=1)+P(X=2)=0.4$；

$P(X<4)=P(X=1)+P(X=2)+P(X=3)=1$.

【例 6】 设随机变量 X 的分布函数为 $F(x)=A+B\arctan x$，$-\infty<x<+\infty$，试求 (1) 系数 A，B；(2) 随机变量落在区间 (0，1) 的概率；(3) X 的概率密度函数 $f(x)$.

解：(1) 由 $F(-\infty)=0, F(+\infty)=1$ 得，$A-\frac{\pi}{2}B=0$，$A+\frac{\pi}{2}B=1$，解得

$$A=\frac{1}{2}, B=\frac{1}{\pi}.$$

(2) $P(0<X<1)=F(1)-F(0)=\left(\frac{1}{2}+\frac{1}{\pi}\arctan 1\right)-\left(\frac{1}{2}+\frac{1}{\pi}\arctan 0\right)=\frac{1}{4}$.

(3) $f(x)=F'(x)=\frac{1}{\pi(1+x^{2})}, -\infty<x<+\infty$.

【例 7】 设随机变量 X 的概率密度函数是 $f(x)=\begin{cases} a\cos x, & -\frac{\pi}{2} \leqslant x \leqslant \frac{\pi}{2} \\ 0, & \text{其它}. \end{cases}$

(1) 求系数 a；(2) 求分布函数 $F(x)$.

解：(1) $\int_{-\infty}^{+\infty} f(x)\mathrm{d}x=\int_{-\frac{\pi}{2}}^{\frac{\pi}{2}} a\cos x\,\mathrm{d}x=2a=1$，所以 $a=\frac{1}{2}$.

(2) 当 $x<-\frac{\pi}{2}$ 时，$F(x)=0$；

当$-\frac{\pi}{2}\leqslant x\leqslant\frac{\pi}{2}$时，$F(x)=\int_{-\frac{\pi}{2}}^{x}\frac{\cos x}{2}dx=\frac{1}{2}(1+\sin x)$；

当$x>\frac{\pi}{2}$时，$F(x)=\int_{-\frac{\pi}{2}}^{\frac{\pi}{2}}\frac{\cos x}{2}dx=1$.

所以，$F(x)=\begin{cases}0, & x<-\frac{\pi}{2},\\ \frac{1}{2}(1+\sin x), & -\frac{\pi}{2}\leqslant x<\frac{\pi}{2},\\ 1, & x\geqslant\frac{\pi}{2}.\end{cases}$

【例 8】 设随机变量$X\sim N(\mu,\sigma^2)$，$(\sigma>0)$，且二次方程$y^2+4y+X=0$无实根的概率为 0.5，求μ的值．

解： 方程$y^2+4y+X=0$无实根$\Leftrightarrow 16-4X<0$，即$X>4$. 由已知得$P(X>4)=0.5$，即$\mu=4$.

【例 9】 若随机变量$X\sim N(2,\sigma^2)$，且$P(2<X<4)=0.3$. 求$P(X<0)$．

解： 方法一　由$0.3=P(2<X<4)=\Phi\left(\frac{4-2}{\sigma}\right)-\Phi\left(\frac{2-2}{\sigma}\right)=\Phi\left(\frac{2}{\sigma}\right)-0.5$，得$\Phi\left(\frac{2}{\sigma}\right)=0.8$. 所以

$$P(X<0)=\Phi\left(\frac{0-2}{\sigma}\right)=1-\Phi\left(\frac{2}{\sigma}\right)=1-0.8=0.2.$$

方法二　由正态分布对称性，$P(X\geqslant 2)=P(X\leqslant 2)=0.5$，$P(0<X<2)=P(2<X<4)$，而$P(X<0)=P(X\leqslant 2)-P(0<X<2)$，即$P(X<0)=0.5-0.3=0.2$.

【例 10】 从某区到火车站有两条路线，一条路程短但阻塞多，所需时间X_1（单位：min）服从$N(50,100)$；另一条路程长但阻塞少，所需时间X_2（单位：min）服从$N(60,16)$，问

(1) 要在 70min 内赶到火车站应走哪条路保险？

(2) 要在 65min 内赶到火车站应走哪条路保险？

解： (1) 两条路中，走哪条路在 70min 内赶到火车站的概率大，则走哪条路保险。

$$P(X_1\leqslant 70)=\Phi\left(\frac{70-50}{10}\right)=\Phi(2)=0.9772;$$

$$P(X_2\leqslant 70)=\Phi\left(\frac{70-60}{4}\right)=\Phi(2.5)=0.9938;$$

$$P(X_1\leqslant 70)<P(X_2\leqslant 70).$$

所以要在 70min 内赶到火车站应走第二条路保险．

(2) 类似地，两条路中走哪条路在65min内赶到火车站的概率大，则走哪条路保险。

$$P(X_1 \leqslant 65) = \Phi\left(\frac{65-50}{10}\right) = \Phi(1.5) = 0.9332;$$

$$P(X_2 \leqslant 65) = \Phi\left(\frac{65-60}{4}\right) = \Phi(1.25) = 0.8944;$$

$$P(X_1 \leqslant 65) > P(X_2 \leqslant 65).$$

所以要在65min内赶到火车站应走第一条路保险．

【例11】* 某企业招聘330人，按考试成绩从高分到低分依次录用，共有1000人报名，而报名者考试成绩X（分数）服从$N(\mu, \sigma^2)$，已知90分以上有36人，60分以下有115人，问被录用者最低分数是多少？

解：由已知

$$P(X>90) = 1-P(X \leqslant 90) = 1-\Phi\left(\frac{90-\mu}{\sigma}\right) = \frac{36}{1000} = 0.036$$

$$P(X<60) = \Phi\left(\frac{60-\mu}{\sigma}\right) = \frac{115}{1000} = 0.115$$

由以上两式，倒查正态分布表得$\begin{cases} \dfrac{90-\mu}{\sigma} = 1.8, \\ \dfrac{60-\mu}{\sigma} = -1.2, \end{cases}$ 解得$\begin{cases} \mu = 72, \\ \sigma = 10, \end{cases}$

所以，$X \sim N(72, 10^2)$．

设被录用者最低分数是x_0，未被录用率为$\dfrac{1000-330}{1000} = 0.67$，

$P(X<x_0) = \Phi\left(\dfrac{x_0-72}{10}\right) = 0.67$，查表得$\dfrac{x_0-72}{10} = 0.44$，即$x_0 = 76.4$.

通常录取分数是整数，所以按照四舍五入，被录用者最低分数为76分．

【例12】 人的身高$X \sim N(1.75, 0.05^2)$，试问公共汽车的门至少应设计多高（单位：m），才使上下车需要低头的人不超过0.5%？

解：设公共汽车的门高为h，由题意，

$P(X>h) \leqslant 0.5\%$， 得$P(X \leqslant h) = \Phi\left(\dfrac{h-1.75}{0.05}\right) \geqslant 0.995$，

查表得$\dfrac{h-1.75}{0.05} \geqslant 2.58$，即$h \geqslant 1.8790$，所以车门取1.9m即可．

【例13】* 在电源电压不超过200V、在200～240V之间和不低于240V三种情况下，某种电子元件损坏的概率分别为0.1，0.001，0.2，假设电源电压$X \sim N(220, 25^2)$．试求：

(1) 该电子元件损坏的概率；(2) 该电子元件损坏时，电源电压在200～240V的概率．

解：设 A_1＝"电源电压不超过200V"，A_2＝"电源电压在200～240V之间"，A_3＝"电源电压不低于240V"，B＝"电子元件损坏"．电压 $X\sim N(220,25^2)$，

$$P(A_1)=P(X\leqslant 200)=\Phi\left(\frac{200-220}{25}\right)=\Phi\left(-\frac{4}{5}\right)=1-\Phi\left(\frac{4}{5}\right)=0.212;$$

$$P(A_2)=P(200<X<240)=\Phi\left(\frac{240-220}{25}\right)-\Phi\left(\frac{200-220}{25}\right)=2\Phi\left(\frac{4}{5}\right)-1=0.576;$$

$$P(A_3)=1-0.212-0.576=0.212.$$

(1) 由全概率公式得

$$P(B)=\sum_{i=1}^{3}P(A_i)P(B\mid A_i)=0.212\times 0.1+0.576\times 0.001+0.212\times 0.2=0.0642;$$

(2) 由贝叶斯公式得

$$P(A_2\mid B)=\frac{P(A_2)P(B\mid A_2)}{P(B)}=\frac{0.576\times 0.001}{0.0642}=0.009.$$

【例14】 设 X 的分布律为 $X\sim\begin{pmatrix}-1 & 0 & 1 & 2\\ \frac{2}{6} & \frac{1}{6} & \frac{2}{6} & \frac{1}{6}\end{pmatrix}$，求 $Y=X^2-1$ 的概率分布．

解：Y 的取值为-1，0，3，且

$$P(Y=-1)=P(X=0)=\frac{1}{6},P(Y=3)=P(X=2)=\frac{1}{6},$$

$$P(Y=0)=P(X=-1)+P(X=1)=\frac{4}{6},$$

所以，$Y=X^2-1$ 的概率分布为 $Y\sim\begin{pmatrix}-1 & 0 & 3\\ \frac{1}{6} & \frac{4}{6} & \frac{1}{6}\end{pmatrix}$．

【例15】 设 $X\sim f(x)=\begin{cases}\frac{x}{2},0<x<2,\\ 0,\text{其它}.\end{cases}$ 求 $Y=X+1$ 的概率密度．

解：设 Y 的分布函数为 $F_Y(y)$

$$F_Y(y)=P(Y\leqslant y)=P(X+1\leqslant y)=P(X\leqslant y-1)=F_X(y-1),$$

于是，Y 的密度函数为

$$f_Y(y)=\frac{\mathrm{d}F_Y(y)}{\mathrm{d}y}=f_X(y-1)=\begin{cases}\frac{y-1}{2},0<y-1<2,\\ 0,\quad\text{其它}.\end{cases}$$

即 $f_Y(y)=\begin{cases}\dfrac{y-1}{2}, & 1<y<3,\\ 0, & \text{其它}.\end{cases}$

【例 16】 设 X 区间 $(0,1)$ 上服从均匀分布，求 $Y=\dfrac{1}{X}$ 的概率密度.

解：由题意知，$f(x)=\begin{cases}1, 0<x<1,\\ 0, \text{其它}.\end{cases}$ $y=\dfrac{1}{x}$ 在区间 $(0,1)$ 内单调增加，其反函数 $x=h(y)=\dfrac{1}{y}$，所以，Y 的概率密度函数为

$$f_Y(y)=f_X(h(y))|h'(y)|=\begin{cases}\dfrac{1}{y^2}, & 0<\dfrac{1}{y}<1,\\ 0, & \text{其它}.\end{cases} \text{即 } f_Y(y)=\begin{cases}\dfrac{1}{y^2}, & y>1,\\ 0 & \text{其它}.\end{cases}$$

三、综合练习

(一) 填空题

1. 设离散型随机变量 X 的分布律为

$$X\sim\begin{pmatrix}0 & 1 & 2\\ \dfrac{1}{3} & \dfrac{1}{2} & \dfrac{1}{6}\end{pmatrix}$$

则 $P\{1<X\leqslant 4\}=$______；$P\{1\leqslant X\leqslant 4\}=$______.

2. 已知 X 服从参数为 λ 的泊松分布，则 $P\{X=x\}=$______.

3. 设离散型随机变量 X 的分布函数为 $F(x)=\begin{cases}A, & x<1,\\ \dfrac{1}{2}, & 1\leqslant x<2,\\ B, & x\geqslant 2.\end{cases}$ 则

$A=$______，$B=$______.

4. 设随机变量 X 的分布函数为 $F(x)=\begin{cases}0, & x<1,\\ \dfrac{1}{2}, & 1\leqslant x<2,\\ 1, & x\geqslant 2.\end{cases}$ 则 $P\{-1\leqslant X<2\}=$______.

5. 设随机变量 X 的分布函数为 $F(x)=\begin{cases}0, & x<0,\\ \dfrac{x^2}{4}, & 0\leqslant x<2,\\ 1, & x\geqslant 2.\end{cases}$ 则

$P(0<X\leqslant 1)=$______；$P(X>0.5)=$______；$P(X\leqslant 2.7)=$______；X 的概率密度 $f(x)=$______.

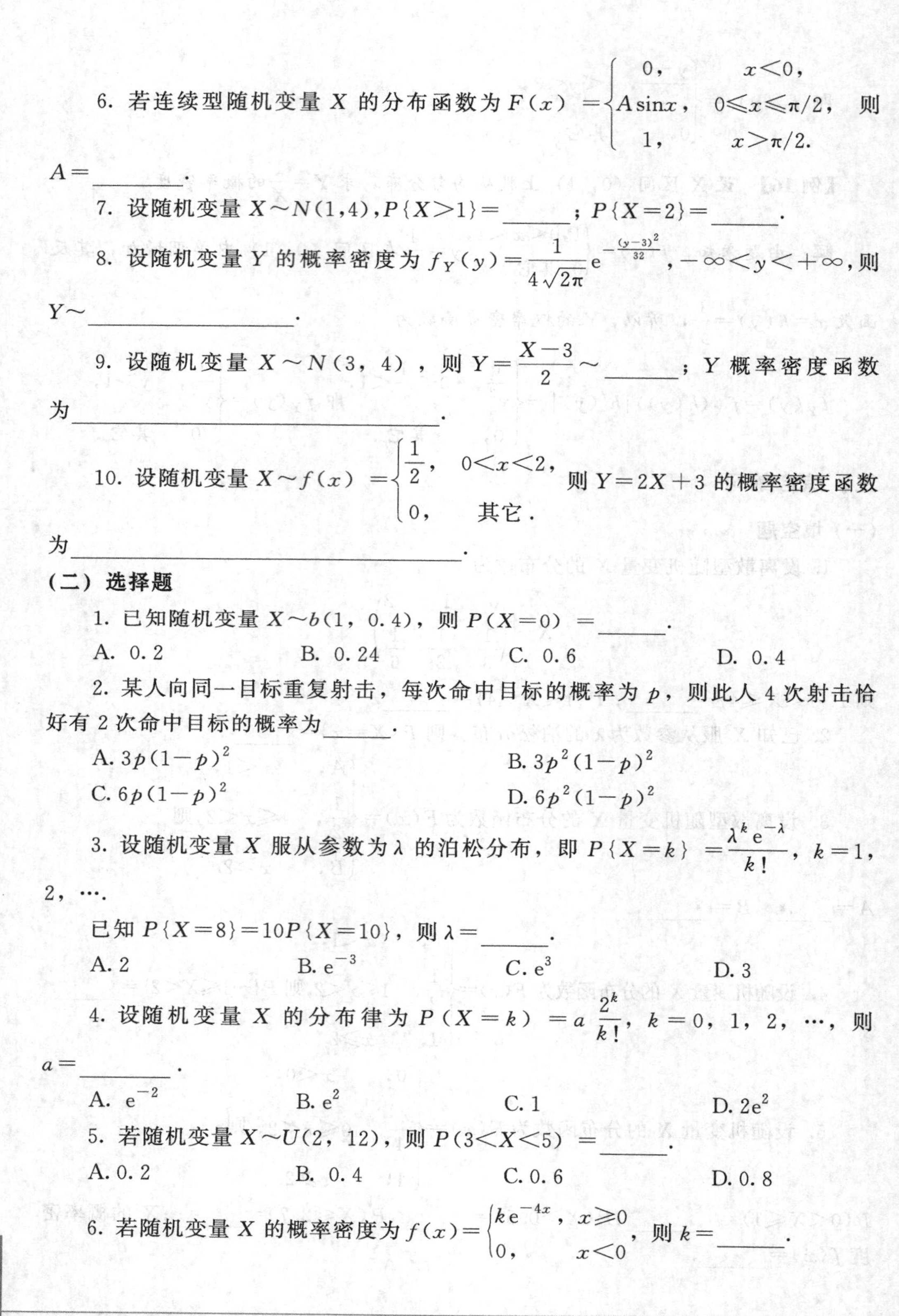

6. 若连续型随机变量 X 的分布函数为 $F(x)=\begin{cases}0, & x<0,\\ A\sin x, & 0\leqslant x\leqslant\pi/2,\\ 1, & x>\pi/2.\end{cases}$ 则 $A=$______.

7. 设随机变量 $X\sim N(1,4)$，$P\{X>1\}=$______；$P\{X=2\}=$______.

8. 设随机变量 Y 的概率密度为 $f_Y(y)=\dfrac{1}{4\sqrt{2\pi}}e^{-\frac{(y-3)^2}{32}}$，$-\infty<y<+\infty$，则 $Y\sim$______.

9. 设随机变量 $X\sim N(3,4)$，则 $Y=\dfrac{X-3}{2}\sim$______；Y 概率密度函数为______.

10. 设随机变量 $X\sim f(x)=\begin{cases}\dfrac{1}{2}, & 0<x<2,\\ 0, & 其它.\end{cases}$ 则 $Y=2X+3$ 的概率密度函数为______.

(二) 选择题

1. 已知随机变量 $X\sim b(1,0.4)$，则 $P(X=0)=$______.

A. 0.2　　B. 0.24　　C. 0.6　　D. 0.4

2. 某人向同一目标重复射击，每次命中目标的概率为 p，则此人 4 次射击恰好有 2 次命中目标的概率为______.

A. $3p(1-p)^2$　　B. $3p^2(1-p)^2$

C. $6p(1-p)^2$　　D. $6p^2(1-p)^2$

3. 设随机变量 X 服从参数为 λ 的泊松分布，即 $P\{X=k\}=\dfrac{\lambda^k e^{-\lambda}}{k!}$，$k=1,2,\cdots$.

已知 $P\{X=8\}=10P\{X=10\}$，则 $\lambda=$______.

A. 2　　B. e^{-3}　　C. e^3　　D. 3

4. 设随机变量 X 的分布律为 $P(X=k)=a\dfrac{2^k}{k!}$，$k=0,1,2,\cdots$，则 $a=$______.

A. e^{-2}　　B. e^2　　C. 1　　D. $2e^2$

5. 若随机变量 $X\sim U(2,12)$，则 $P(3<X<5)=$______.

A. 0.2　　B. 0.4　　C. 0.6　　D. 0.8

6. 若随机变量 X 的概率密度为 $f(x)=\begin{cases}ke^{-4x}, & x\geqslant0\\ 0, & x<0\end{cases}$，则 $k=$______.

A. 2　　B. 3　　C. 4　　D. $\frac{1}{4}$

7. 设随机变量 $X\sim N(1, 4)$，$Y=-2X+1$，则 $P\{Y>1\}$ =______.

A. $\Phi(0.5)$　　B. $1-\Phi(0.5)$

C. 0.5　　D. $1-\Phi(\frac{2}{\sqrt{17}})$

8. 设随机变量 $X\sim N(1, 4)$，$Y=2X+1$，则 Y 的概率密度为______.

A. $f_Y(y)=\frac{1}{8\sqrt{2\pi}}e^{-\frac{(y-3)^2}{32}}$，$-\infty<y<+\infty$

B. $f_Y(y)=\frac{1}{4\sqrt{2\pi}}e^{-\frac{(x-3)^2}{32}}$，$-\infty<y<+\infty$

C. $f_Y(y)=\frac{1}{2\sqrt{2\pi}}e^{-\frac{(y-3)^2}{8}}$，$-\infty<y<+\infty$

D. $f_Y(y)=\frac{1}{4\sqrt{2\pi}}e^{-\frac{(y-3)^2}{32}}$，$-\infty<y<+\infty$

9. 设离散型随机变量 X 的分布律为 $X\sim\begin{pmatrix}-1 & 1 & 2\\ \frac{1}{3} & \frac{1}{2} & \frac{1}{6}\end{pmatrix}$，则 $Y=X^2$ 的分布律为______.

A. $Y\sim\begin{pmatrix}1 & 4\\ \frac{5}{6} & \frac{1}{6}\end{pmatrix}$　　B. $Y\sim\begin{pmatrix}0 & 4\\ \frac{5}{6} & \frac{1}{6}\end{pmatrix}$

C. $Y\sim\begin{pmatrix}-1 & 1 & 4\\ \frac{1}{6} & \frac{1}{6} & \frac{2}{3}\end{pmatrix}$　　D. $Y\sim\begin{pmatrix}1 & 4\\ \frac{2}{3} & \frac{1}{3}\end{pmatrix}$

(三) 综合题

1. 已知随机变量 X 只能取 -1，0，1 三个值，相应概率依次为 $\frac{1}{2c}$，$\frac{1}{4c}$，$\frac{1}{2c}$. 试确定常数 c，并计算 $P(X<1)$.

2. 已知 100 个产品中有 5 个次品，现从中有放回地取产品 3 次，每次任取 1 个，求在所取的 3 个中恰有 2 个次品的概率.

3. 设随机变量 X 的分布律为 $X\sim\begin{pmatrix}0 & 1 & 2\\ \frac{1}{3} & \frac{1}{6} & \frac{1}{2}\end{pmatrix}$，求 X 的分布函数 $F(x)$.

4. 设随机变量 X 的分布函数为 $F(x)=\begin{cases}0, & x<-1,\\ 0.4, & -1\leqslant x<1,\\ 0.8, & 1\leqslant x<3,\\ 1, & x\geqslant 3.\end{cases}$ 求 X 的分布律.

5. 设离散型随机变量 X 的分布函数为 $F(x)=\begin{cases}A, & x<1,\\ \dfrac{1}{3}, & 1\leqslant x<3,\\ B, & x\geqslant 3.\end{cases}$

(1) 确定 A，B 的值；(2) 求随机变量 X 的分布律.

6. 已知随机变量 X 的概率密度为 $f(x)=\begin{cases}Ax, & 0<x<1,\\ 0, & 其它.\end{cases}$

求：(1) 常数 A；(2) $P(X>0.5)$.

7. 设随机变量 X 的概率密度为 $f(x)=A\mathrm{e}^{-|x|}$，$-\infty<x<+\infty$.

求 (1) 系数 A；(2) 分布函数 $F(x)$；(3) 随机变量 X 落在区间 (0, 1) 内的概率.

8. 设随机变量 X 具有概率密度 $f(x)=\begin{cases}kx, & 0\leqslant x<3,\\ 2-\dfrac{x}{2}, & 3\leqslant x\leqslant 4,\\ 0, & 其它.\end{cases}$

(1) 确定常数 k；(2) 求 X 的分布函数 $F(x)$；(3) 求 $P(1<X\leqslant\frac{7}{2})$.

9. 设随机变量 X 的分布函数为 $F(x)=\begin{cases}0, & x<0,\\ \dfrac{x}{2}, & 0\leqslant x<1,\\ x-\dfrac{1}{2}, & 1\leqslant x<1.5,\\ 1, & x\geqslant 1.5.\end{cases}$

求 (1) $P(0.4<X\leqslant 1.3)$；(2) $P(X>0.5)$；(3) $P(1.7<X\leqslant 2)$.

10. 设随机变量 X 的分布函数为 $F(x)=\begin{cases}0, & x\leqslant 0,\\ x^2, & 0<x<1,\\ 1, & x\geqslant 1.\end{cases}$

求 (1) 概率 $P(0.3<X<0.7)$；(2) X 的概率密度函数.

11. 某种电子元件的寿命 X 的概率密度 $f(x)=\begin{cases}\dfrac{10}{x^2}, & x\geqslant 10,\\ 0, & x<10.\end{cases}$ 求该电子元件使

用寿命大于150h的概率．

12．设K在区间（0，5）服从均匀分布．求x的方程$4x^2+4Kx+K+2=0$有实根的概率．

13．设$X\sim N(0.5,0.5^2)$，求（1）概率$P(X<0)$；（2）概率$P(X>1)$；（3）概率$P(X<0$ 或 $X>1)$．

14．设随机变量X服从正态分布$N(\mu,\sigma^2)$，且概率密度为

$$f(x)=\frac{1}{\sqrt{6\pi}}\mathrm{e}^{-\frac{x^2-4x+4}{6}},\quad -\infty<x<+\infty.$$

（1）写出μ，σ^2；（2）若已知$\int_c^{+\infty}f(x)\mathrm{d}x=\int_{-\infty}^{c}f(x)\mathrm{d}x$，求$c$的值．

15．设$X\sim f(x)=\begin{cases}\frac{x}{8}, & 0<x<4,\\ 0, & 其它.\end{cases}$求$Y=2X+8$的概率密度函数．

16．设随机变量X的概率密度为$f(x)=\begin{cases}\frac{1}{4}, & 0<x<4,\\ 0, & 其它.\end{cases}$求$Y=4-3X$的概率密度函数．

17．设随机变量X的概率密度为$f(x)=\begin{cases}\mathrm{e}^{-x}, & x>0,\\ 0, & x\leqslant 0.\end{cases}$求$Y=X^2$的概率密度．

第二章综合练习参考答案

第三章　多维随机变量及其分布

一、基本概念

（一）二维随机变量

二维随机变量的定义：设随机试验 E 的样本空间为 S，若 $\forall e \in S$，有两个实数 $X(e)$ 和 $Y(e)$ 与之对应，则它们构成随机向量（X，Y），叫做**二维随机向量**或**二维随机变量**.

1. 联合分布函数

（1）定义：设二维随机变量（X，Y），对于任何实数 x 和 y，二元函数

$$F(x,y)=P\{(X\leqslant x)\bigcap(Y\leqslant y)\}=P\{X\leqslant x,Y\leqslant y\}$$

称为二维随机变量（X，Y）的**分布函数**，或称为随机变量 X 和 Y 的**联合分布函数**，

（2）性质：

① $0\leqslant F(x,y)\leqslant 1$；

② $F(-\infty.\ y)=0, F(x,-\infty)=0, F(-\infty,-\infty)=0, F(+\infty,+\infty)=1$；

③ $F(x,\ y)$ 关于变量 x 和 y 分别为不减函数：

④ $F(x,\ y)$ 关于变量 x 和 y 分别为右连续函数：

⑤ 对于任意实数 $x_1<x_2$，$y_1<y_2$ 有

$$P\{x_1<X\leqslant x_2,y_1<Y\leqslant y_2\}=F(x_2,y_2)-F(x_2,y_1)-F(x_1,y_2)+F(x_1,y_1)\geqslant 0.$$

2. 二维离散型随机变量

（1）定义：若二维随机变量（X，Y）的全部可能取值为有限对或可列无限对，则称（X，Y）为二维离散型随机变量.

（2）分布律：已知 $P_{ij}=P\{X=x_i,Y=y_j\}$，且满足

① 非负性；$P_{ij} \geqslant 0$，i，$j=1$，2，…；

② 规范性：$\sum_{i=1}^{\infty}\sum_{j=1}^{\infty} p_{ij}=1$.

则称 $p_{ij}=P\{X=x_i, Y=y_j\}$ 为二维随机变量（X，Y）的分布律，或随机变量 X 和 Y 的**联合分布律**，表格形式为

Y \ X	x_1	x_2	…	x_i	…
y_1	p_{11}	p_{21}	…	p_{i1}	…
y_2	p_{12}	p_{22}	…	p_{i2}	…
⋮	⋮	⋮		⋮	…
y_j	p_{1j}	p_{2j}	…	p_{ij}	…
⋮	⋮	⋮	…	⋮	…

随机变量（X，Y）的分布函数：$F(x, y)=\sum_{x_i \leqslant x}\sum_{y_j \leqslant y} p_{ij}$.

3. 二维连续型随机变量

（1）定义：对于二维随机变量（X，Y），如果存在非负函数 $f(x, y)$，使得（X，Y）的分布函数

$$F(x,y)=\int_{-\infty}^{y}\int_{-\infty}^{x} f(u,v)\mathrm{d}u\mathrm{d}v,$$

则称（X，Y）为**二维连续型随机变量**，其中 $f(x, y)$ 称为（X，Y）的**概率密度**，或称为随机变量 X 和 Y 的**联合概率密度**.

（2）性质：

① $f(x, y) \geqslant 0$；

② $\int_{-\infty}^{\infty}\int_{-\infty}^{\infty} f(x,y)\mathrm{d}x\mathrm{d}y=1$；

③ 若 $f(x,y)$ 在点（x，y）连续，则有 $\frac{\partial^2 F(x,y)}{\partial x \partial y}=f(x,y)$；

④ $P\{(X,Y)\in G\}=\iint_G f(x,y)\mathrm{d}x\mathrm{d}y$；

⑤ $F(x,y)$ 是 x，y 的连续函数.

（二）边缘分布

边缘分布函数：（X，Y）关于 X，Y 的边缘分布函数分别为

$$F_X(x)=F(x,+\infty)=\lim_{y \to +\infty} F(x,y), F_Y(y)=F(+\infty,y)=\lim_{x \to +\infty} F(x,y).$$

边缘分布律：离散型随机变量（X，Y）关于 X，Y 的边缘分布律分别

$$p_{i\cdot}=\sum_{j=1}^{\infty} p_{ij}=P\{X=x_i\}, i=1,2,\cdots,$$

$$p_{\cdot j}=\sum_{i=1}^{\infty}p_{ij}=P\{Y=y_j\},j=1,2,\cdots.$$

边缘概率密度：连续型随机变量（X，Y）关于 X，Y 的边缘概率密度分别为

$$f_X(x)=\int_{-\infty}^{+\infty}f(x,y)\mathrm{d}y;f_Y(y)=\int_{-\infty}^{+\infty}f(x,y)\mathrm{d}x.$$

（三）条件分布

条件分布律：随机变量（X，Y）为离散型，对于固定的 j，若 $P\{Y=y_j\}>0$，则称

$$P\{X=x_i|Y=y_j\}=\frac{P\{X=x_i,Y=y_j\}}{P\{Y=y_j\}}=\frac{p_{ij}}{p_{\cdot j}},i=1,2,\cdots$$

为在 $Y=y_j$ 条件下随机变量 X 的条件分布律.

同样，对于固定的 i，若 $P\{X=x_i\}>0$，则称

$$P\{Y=y_j|X=x_i\}=\frac{P\{X=x_i,Y=y_j\}}{P\{X=x_i\}}=\frac{p_{ij}}{p_{i\cdot}},j=1,2,\cdots$$

为在 $X=x_i$ 条件下随机变量 Y 的条件分布律.

条件概率密度：随机变量（X，Y）为连续型，若对于固定的 y，$f_Y(y)>0$，则称

$$f_{X|Y}(x|y)=\frac{f(x,y)}{f_Y(y)}$$

为在 $Y=y$ 条件下随机变量 X 的条件概率密度．同样有

$$f_{Y|X}(y|x)=\frac{f(x,y)}{f_X(x)}.$$

（四）相互独立的随机变量

二维随机变量相互独立的定义：设 $F(x,\ y)$ 及 $F_X(x)$，$F_Y(y)$ 分别是二维随机变量（X，Y）的分布函数及边缘分布函数，若 $\forall x$，$y\in R$，有

$$F(x,\ y)=F_X(x)\cdot F_Y(y),$$

则称随机变量 X 与 Y 相互独立.

1. 随机变量相互独立的判别方法

（1）若（X，Y）是离散型随机变量：X，Y 相互独立$\Leftrightarrow$对于（X，Y）的所有可能取的值（x_i，y_j），有

$$P(X=x_i,Y=y_i)=P(X=x_i)\cdot P(Y=y_i)，即\ p_{ij}=p_{i\cdot}\cdot p_{\cdot j}.$$

（2）若（X，Y）是连续型随机变量：X，Y 相互独立$\Leftrightarrow\forall x$，$y\in R$，有

$$f(x,y)=f_X(x)f_Y(y)$$

在平面上几乎处处成立.

（3）分布函数法：X，Y 相互独立$\Leftrightarrow\forall x$，$y\in R$，有

$$F(x,y)=F_X(x)\cdot F_Y(y).$$

二维随机变量（X，Y）中 X 与 Y 独立性的充分必要条件都可以推广到 n 维随机变量（X_1，X_2，…，X_n）中分量 X_1，X_2，…，X_n 独立性的情况．

2. 两个重要的二维分布

（1）**二维均匀分布**：设 D 是平面上的有界区域，其面积为 S，若二维随机变量（X，Y）具有概率密度

$$f(x,y)=\begin{cases}\dfrac{1}{S}, & (x,y)\in D,\\ 0, & \text{其它}.\end{cases}$$

则称（X，Y）在 D 上服从均匀分布．

性质：①若 $D_1\subset D$，其面积为 S_1，则 $P\{(X,Y)\in D_1\}=\dfrac{S_1}{S}$（即满足几何概率）；

②若 D 是平面上的矩形区域（边平行坐标轴），二维均匀分布的边缘分布是均匀分布，且 X，Y 相互独立．

（2）**二维正态分布**：如果（X，Y）的概率密度为

$$f(x,y)=\frac{1}{2\pi\sigma_1\sigma_2\sqrt{1-\rho^2}}\exp\left\{\frac{-1}{2(1-\rho^2)}\left[\frac{(x-\mu_1)^2}{\sigma_1^2}-2\rho\frac{(x-\mu_1)(y-\mu_2)}{\sigma_1\sigma_2}+\frac{(y-\mu_2)^2}{\sigma_2^2}\right]\right\}$$

式中，μ_1，μ_2，$\sigma_1>0$，$\sigma_2>0$，$|\rho|<1$ 是常数，则称（X，Y）服从参数为 μ_1，μ_2，σ_1，σ_2，ρ 的二维正态分布，记为$(X,Y)\sim N(\mu_1,\mu_2,\sigma_1^2,\sigma_2^2,\rho)$．

性质：

① 若$(X,Y)\sim N(\mu_1,\mu_2,\sigma_1^2,\sigma_2^2,\rho)$，则 $X\sim N(\mu_1,\sigma_1^2)$，$Y\sim N(\mu_2,\sigma_2^2)$；

② 若$(X,Y)\sim N(\mu_1,\mu_2,\sigma_1^2,\sigma_2^2,\rho)$，则 X 和 Y 相互独立的充分必要条件为 $\rho=0$；

③ 若 X 和 Y 相互独立，$\mu_1=0$，$\mu_2=0$，$\sigma_1^2=1$，$\sigma_2^2=1$，此时称为二维标准正态分布，概率密度为 $f(x,y)=\dfrac{1}{2\pi}\mathrm{e}^{-\frac{1}{2}(x^2+y^2)}$，记为$(X,Y)\sim N(0,0,1,1,0)$．

（五）两个随机变量的函数的分布

1. 两个随机变量和的分布

两个随机变量和的分布，即 $Z=X+Y$ 的分布．

（1）离散型随机变量：已知（X，Y）的分布律

$$P\{X=x_i,Y=y_j\}=p_{ij},i,j=0,1,2,\cdots.$$

则 $Z=X+Y$ 的分布律为

$$P\{Z=z_k\}=P\{X+Y=z_k\}=\sum_{x_i+y_j=z_k}p_{ij},k=0,1,2,\cdots.$$

若 X 和 Y 相互独立，则

$$P\{Z=z_k\}=P\{X+Y=z_k\}=\sum_{i=1}^{\infty}P\{X=x_i\}P\{Y=z_k-x_i\}$$

或

$$P\{Z=z_k\}=\sum_{j=1}^{\infty}P\{X=z_k-y_j\}P\{Y=y_j\}.$$

有关结论：若 X 和 Y 相互独立，

当 $X\sim b(n_1,p),Y\sim b(n_2,p)$时，$Z=X+Y\sim b(n_1+n_2,p)$.

当 $X\sim \pi(\lambda_1),Y\sim \pi(\lambda_2)$时，$Z=X+Y\sim \pi(\lambda_1+\lambda_2)$.

以上结论可推广到 n（$n>2$）个相互独立的随机变量的情况．

（2）连续型随机变量：已知（X，Y）的概率密度 $f(x,y)$，则 $Z=X+Y$ 的概率密度为

$$f_Z(z)=\int_{-\infty}^{+\infty}f(z-y,y)\mathrm{d}y \text{ 或 } f_Z(z)=\int_{-\infty}^{+\infty}f(x,z-x)\mathrm{d}x$$

当 X 和 Y 相互独立时，得卷积公式，

$$f(z)=f_X*f_Y=\int_{-\infty}^{+\infty}f_X(z-y)f_Y(y)\mathrm{d}y=\int_{-\infty}^{+\infty}f_X(x)f_Y(z-x)\mathrm{d}x.$$

有关结论：若 X 和 Y 相互独立，

当 $X\sim N(0,1),Y\sim N(0,1)$时，$Z=X+Y\sim N(0,2),Z=X-Y\sim N(0,2)$.

当 $X\sim N(\mu_1,\sigma_1^2),Y\sim N(\mu_2,\sigma_2^2)$时，$Z=X\pm Y\sim N(\mu_1\pm\mu_2,\sigma_1^2+\sigma_2^2)$.

$$Z=aX\pm bY\sim N(a\mu_1\pm b\mu_2,a^2\sigma_1^2+b^2\sigma_2^2).$$

当 $X\sim \Gamma(\alpha,\theta),Y\sim \Gamma(\beta,\theta)$时，$Z=X+Y\sim \Gamma(\alpha+\beta,\theta)$.

以上结论均可推广到 n 个相互独立的随机变量的情况．

2. 两个随机变量的最大最小分布

两个随机变量的最大最小分布，即 $M=\max\{X,Y\}$ 及 $N=\min\{X,Y\}$ 的分布．

若 X 和 Y 相互独立，有

$$F_M(z)=F_X(z)F_Y(z),F_N(z)=1-[1-F_X(z)][1-F_Y(z)].$$

推广：若 $X_1,X_2,\cdots,X_n$ 相互独立，$M=\max\{X_1,X_2,\cdots,X_n\}$，$N=\min\{X_1,X_2,\cdots,X_n\}$，有

$$F_M(z)=F_{X_1}(z)\cdot F_{X_2}(z)\cdots F_{X_n}(z),$$
$$F_N(z)=1-[1-F_{X_1}(z)][1-F_{X_2}(z)]\cdots[1-F_{X_n}(z)]$$

当 $X_1,X_2,\cdots,X_n$ 相互独立且具有相同的分布函数 $F(x)$ 时，有

$$F_M(z)=[F(z)]^n,F_N(z)=1-[1-F(z)]^n.$$

二、典型例题

【例 1】 设二维随机变量（X，Y）的分布函数为

$$F(x,y)=\begin{cases}A+\dfrac{1}{(1+x+y)^2}-\dfrac{1}{(1+x)^2}-\dfrac{1}{(1+y)^2}, & x\geqslant 0,y\geqslant 0,\\ 0, & \text{其它}.\end{cases}$$

(1) 计算常数 A；(2) 求概率 $P\{0<X\leqslant 1,0<Y\leqslant 1\}$.

解：(1) 由 $F(+\infty,+\infty)=1$，得 $A=1$；

(2) $P\{0<X\leqslant 1,0<Y\leqslant 1\}=F(1,1)-F(0,1)-F(1,0)+F(0,0)=\dfrac{11}{18}$.

【例 2】 将一枚均匀硬币连掷三次，以 X 表示三次试验中出现正面的次数，Y 表示出现正面的次数与出现反面的次数的差的绝对值，求 X 与 Y 的联合分布律.

解：因为 (X,Y) 的所有可能取值为 $(0,3)$，$(1,1)$，$(2,1)$，$(3,3)$，于是由二项分布概率公式得

$$P\{X=0,Y=3\}=(\frac{1}{2})^3=\frac{1}{8},\ P\{X=1,Y=1\}=C_3^1(\frac{1}{2})(\frac{1}{2})^2=\frac{3}{8},$$

$$P\{X=2,Y=1\}=C_3^2(\frac{1}{2})^2(\frac{1}{2})=\frac{3}{8},\ P\{X=3,Y=3\}=(\frac{1}{2})^3=\frac{1}{8},$$

即 X 与 Y 的联合分布律为

X \ Y	1	3
0	0	$\frac{1}{8}$
1	$\frac{3}{8}$	0
2	$\frac{3}{8}$	0
3	0	$\frac{1}{8}$

【例 3】 设二维随机变量 (X,Y) 的概率密度为

$$f(x,y)=\begin{cases}Ae^{-2x-y}, & x>0,y>0\\ 0, & \text{其它}.\end{cases}$$

求 (1) 系数 A；(2) 联合分布函数 $F(x,y)$；(3) $P\{Y\leqslant X\}$.

解：(1) 根据 $\int_{-\infty}^{+\infty}\int_{-\infty}^{+\infty}f(x,y)\mathrm{d}x\mathrm{d}y=1$，得

$$\int_{-\infty}^{+\infty}\int_{-\infty}^{+\infty}f(x,y)\mathrm{d}x\mathrm{d}y=\int_0^{+\infty}\int_0^{+\infty}Ae^{-2x-y}\mathrm{d}x\mathrm{d}y=A\left(-\frac{1}{2}e^{-2x}\right)\Big|_0^{+\infty}(-e^{-y})\Big|_0^{+\infty}=\frac{A}{2}=1,$$

所以 $A=2$.

(2) $F(x,y)=\int_{-\infty}^{y}\int_{-\infty}^{x}f(u,v)\mathrm{d}u\mathrm{d}v$.

当 $x>0$ 且 $y>0$ 时，

$$F(x,y)=\int_0^y\int_0^x 2\mathrm{e}^{-(2u+v)}\mathrm{d}u\mathrm{d}v=\int_0^y \mathrm{e}^{-v}\left[\int_0^x 2\mathrm{e}^{-2u}\mathrm{d}u\right]\mathrm{d}v$$

$$=(1-\mathrm{e}^{-2x})\int_0^y \mathrm{e}^{-v}\mathrm{d}v=(1-\mathrm{e}^{-2x})(1-\mathrm{e}^{-y}).$$

当 $x\leqslant 0$ 或 $y\leqslant 0$ 时，$F(x,y)=0$.

联合分布函数为：$F(x,y)=\begin{cases}(1-\mathrm{e}^{-2x})(1-\mathrm{e}^{-y}), & x>0,\ y>0,\\ 0, & \text{其它}.\end{cases}$

(3) $P\{Y\leqslant X\}=\iint\limits_{0<y\leqslant x} 2\mathrm{e}^{-(2x+y)}\mathrm{d}x\mathrm{d}y=\int_0^{+\infty}\mathrm{e}^{-y}\left[\int_y^{+\infty}2\mathrm{e}^{-2x}\mathrm{d}x\right]\mathrm{d}y$

$$=\int_0^{+\infty}\mathrm{e}^{-3y}\mathrm{d}y=\frac{1}{3}.$$

【例 4】 二维随机变量 (X,Y) 的分布函数为

$$F(x,y)=\begin{cases}1-\mathrm{e}^{-x}-\mathrm{e}^{-y}+\mathrm{e}^{-x-y}, & x>0,y>0,\\ 0, & \text{其它}.\end{cases}$$

求随机变量 X 和 Y 的边缘分布函数 $F_X(x)$ 和 $F_Y(y)$.

解：$F_X(x)=F(x,+\infty)=\lim\limits_{y\to+\infty}F(x,y)=\begin{cases}1-\mathrm{e}^{-x}, & x>0,\\ 0, & x\leqslant 0.\end{cases}$

$F_Y(y)=F(+\infty,y)=\lim\limits_{x\to+\infty}F(x,y)=\begin{cases}1-\mathrm{e}^{-y}, & y>0,\\ 0, & y\leqslant 0.\end{cases}$

【例 5】 设二维离散型随机变量 (X_1,X_2) 的分布律为

X_2 \ X_1	-1	0	1
-1	0	$\frac{1}{4}$	0
0	$\frac{1}{4}$	0	$\frac{1}{4}$
1	0	$\frac{1}{4}$	0

求 X_1，X_2 的边缘分布律.

解：根据 (X_1,X_2) 的分布律，边缘分布律为

X_2 \ X_1	-1	0	1	$P\{X_2=y_j\}=p_{\cdot j}$
-1	0	$\frac{1}{4}$	0	$\frac{1}{4}$

续表

X_2 \ X_1	-1	0	1	$P\{X_2=y_j\}=p_{\cdot j}$
0	$\frac{1}{4}$	0	$\frac{1}{4}$	$\frac{1}{2}$
1	0	$\frac{1}{4}$	0	$\frac{1}{4}$
$P\{X_1=x_i\}=p_{i.}$	$\frac{1}{4}$	$\frac{1}{2}$	$\frac{1}{4}$	1

即 $$X_1 \sim \begin{pmatrix} -1 & 0 & 1 \\ \frac{1}{4} & \frac{1}{2} & \frac{1}{4} \end{pmatrix} \text{和} X_2 \sim \begin{pmatrix} -1 & 0 & 1 \\ \frac{1}{4} & \frac{1}{2} & \frac{1}{4} \end{pmatrix}.$$

【例 6】 设二维随机变量（X，Y）的概率密度函数为

$$f(x,y)=\begin{cases} c, & x^2 \leqslant y < x, \\ 0, & \text{其它}. \end{cases}$$

求（1）常数 c；（2）随机变量 X，Y 的边缘概率密度函数 $f_X(x)$ 和 $f_Y(y)$．

解：（1）由 $\int_{-\infty}^{+\infty}\int_{-\infty}^{+\infty} f(x,y)\mathrm{d}x\mathrm{d}y=\int_0^1 \mathrm{d}x\int_{x^2}^{x} c\,\mathrm{d}y=c\int_0^1 (x-x^2)\mathrm{d}x=1$，解得 $c=6$.

（2）$$f_Y(y)=\int_{-\infty}^{+\infty} f(x,y)\mathrm{d}x=\begin{cases} \int_y^{\sqrt{y}} 6\mathrm{d}x=6(\sqrt{y}-y), & 0<y<1, \\ 0, & \text{其它}. \end{cases}$$

$$f_X(x)=\int_{-\infty}^{+\infty} f(x,y)\mathrm{d}y=\begin{cases} \int_{x^2}^{x} 6\mathrm{d}y=6(x-x^2), & 0<x<1, \\ 0, & \text{其它}. \end{cases}$$

【例 7】 设二维随机变量（X，Y）的分布律为

X \ Y	0	1	2
0	0.06	0.15	α
1	β	0.35	0.21

问 α，β 为何值时，随机变量 X 与 Y 相互独立．

解： 由 $\sum p_{ij}=1$，知 $\alpha+\beta=0.23$.

另 X 与 Y 的边缘概率为

$$P\{X=0\}=\alpha+0.21, P\{X=1\}=\beta+0.56,$$

$$P\{Y=0\}=\beta+0.06, P\{Y=1\}=0.5, P\{Y=2\}=\alpha+0.21.$$

若 X 与 Y 相互独立，应有 $p_{ij}=p_{i\cdot}\cdot p_{\cdot j}$

取 $$p_{01}=0.15=p_{0\cdot}\cdot p_{\cdot 1}=(\alpha+0.21)\times 0.5;$$

$$p_{11}=0.35=p_{1\cdot}\cdot p_{\cdot 1}=(\beta+0.56)\times 0.5,$$

解得 $\alpha=0.09$，$\beta=0.14$，经验证对于各 i，j 均满足 $p_{ij}=p_{i\cdot}\cdot p_{\cdot j}$.

故当 $\alpha=0.09$，$\beta=0.14$ 时，X 与 Y 相互独立.

【例 8】 设二维随机变量(X,Y)的概率密度为

$$f(x,y)=\begin{cases}kxy^2, 0<x<1, 0<y<1,\\ 0, \quad 其它.\end{cases}$$

求常数 k，并证明 X 与 Y 相互独立.

解：因为 $1=\int_0^1\int_0^1 kxy^2\mathrm{d}x\mathrm{d}y=\frac{k}{6}$，所以 $k=6$.

X 的边缘概率密度为

$$f_X(x)=\int_{-\infty}^{+\infty}f(x,y)\mathrm{d}y=\begin{cases}6x\int_0^1 y^2\mathrm{d}y, 0<x<1,\\ 0, \quad 其它\end{cases}=\begin{cases}2x, 0<x<1,\\ 0, \quad 其它.\end{cases}$$

Y 的边缘概率密度为

$$f_Y(y)=\int_{-\infty}^{+\infty}f(x,y)\mathrm{d}y=\begin{cases}6y^2\int_0^1 x\mathrm{d}x, 0<y<1,\\ 0, \quad 其它\end{cases}=\begin{cases}3y^2, 0<y<1,\\ 0, \quad 其它.\end{cases}$$

对任何的（X，Y）都有 $f(x,y)=f_X(x)f_Y(y)$，所以 X 与 Y 相互独立.

【例 9】 设随机变量（X，Y）的概率密度为

$$f(x, y)=\begin{cases}k\mathrm{e}^{-(3x+4y)}, & x>0, y>0,\\ 0, & 其它.\end{cases}$$

(1) 确定常数 k；(2) 求 $P\{0<X\leqslant 1, 0<Y\leqslant 2\}$；

(3) 求关于 X 及 Y 的边缘概率密度函数；(4) X 与 Y 是否相互独立？

解：(1) 由概率密度的性质：$\int_{-\infty}^{+\infty}\int_{-\infty}^{+\infty}f(x,y)\mathrm{d}x\mathrm{d}y=1$ 得

$$k\int_0^{+\infty}\int_0^{+\infty}\mathrm{e}^{-(3x+4y)}\mathrm{d}x\mathrm{d}y=k\int_0^{+\infty}\mathrm{e}^{-3x}\mathrm{d}x\int_0^{+\infty}\mathrm{e}^{-4y}\mathrm{d}y=\frac{k}{12},$$

故 $k=12$.

(2) $P\{0<X\leqslant 1, 0<Y\leqslant 2\}=12\int_0^1\mathrm{e}^{-3x}\mathrm{d}x\int_0^2\mathrm{e}^{-4y}\mathrm{d}y=(1-\mathrm{e}^{-3})(1-\mathrm{e}^{-8})$.

(3) 关于 X 的边缘概率密度

$$f_X(x)=\int_{-\infty}^{+\infty}f(x,y)\mathrm{d}y=\begin{cases}\int_0^{+\infty}12\mathrm{e}^{-(3x+4y)}\mathrm{d}y, x>0,\\ 0, \quad 其它\end{cases}=\begin{cases}3\mathrm{e}^{-3x}, x>0,\\ 0, \quad 其它.\end{cases}$$

同理可得 Y 的边缘概率密度

$$f_Y(y)=\int_{-\infty}^{+\infty}f(x,y)\mathrm{d}x=\begin{cases}\int_0^{+\infty}12\mathrm{e}^{-(3x+4y)}\mathrm{d}x, y>0,\\ 0, \quad 其它\end{cases}=\begin{cases}4\mathrm{e}^{-4y}, y>0,\\ 0, \quad 其它.\end{cases}$$

(4) 对于任意的 x, $y\in R$, 恒有 $f(x,y)=f_X(x)f_Y(y)$,故 X 与 Y 相互独立.

【例 10】 设 X 和 Y 是两个相互独立的随机变量, X 在 (0, 1) 上服从均匀分布, Y 的概率密度为 $f_Y(y)=\begin{cases}\dfrac{1}{2}e^{-y/2}, & y>0,\\ 0, & y\leqslant 0.\end{cases}$

(1) 求 X 和 Y 的联合概率密度; (2) 设含有 a 的二次方程为 $a^2+2Xa+Y=0$, 试求 a 有实根的概率.

解: (1) 因 X 的概率密度为 $f_X(x)=\begin{cases}1, & 0<x<1,\\ 0, & 其它.\end{cases}$

X 和 Y 相互独立, 故 X 和 Y 的联合概率密度为

$$f(x,y)=\begin{cases}\dfrac{1}{2}e^{-y/2}, & 0<x<1, y>0,\\ 0, & 其它.\end{cases}$$

(2) 含有 a 的二次方程为 $a^2+2Xa+Y=0$ 有实根的充要条件为

$$\Delta=4X^2-4Y\geqslant 0, 即\ X^2\geqslant Y.$$

而 $P(X^2\geqslant Y)=\iint\limits_{X^2\geqslant Y} f(x,y)\mathrm{d}x\mathrm{d}y=\int_0^1\mathrm{d}x\int_0^{x^2}\frac{1}{2}e^{-\frac{y}{2}}\mathrm{d}y$

$$=\int_0^1\left[-e^{-\frac{y}{2}}\right]_0^{x^2}\mathrm{d}x=\int_0^1\left(1-e^{-\frac{x^2}{2}}\right)\mathrm{d}x=1-\int_0^1 e^{-\frac{x^2}{2}}\mathrm{d}x$$

$$=1-\sqrt{2\pi}[\Phi(1)-\Phi(0)]=1-\sqrt{2\pi}(0.8413-0.5)=0.1445.$$

【例 11】 设随机变量 $X\sim N(3,1)$, $Y\sim N(2,1)$, 且 X 与 Y 相互独立, 令 $Z=X-2Y$, 求 $P(Z\leqslant 1)$.

解: 因为 $X\sim N(3,1)$, $Y\sim N(2,1)$,

$Z=X-2Y\sim N(3-2\times 2, 1+2^2\times 1)$,所以 $Z\sim N(-1,5)$,故

$$P(Z\leqslant 1)=P\left(\frac{Z-(-1)}{\sqrt{5}}\leqslant\frac{1-(-1)}{\sqrt{5}}\right)=\Phi\left(\frac{2}{\sqrt{5}}\right).$$

【例 12】 设 (X, Y) 的分布律为

X \ Y	0	1	2
-1	0	0	$\frac{1}{3}$
0	0	$\frac{1}{3}$	0
1	$\frac{1}{3}$	0	0

(1) 求随机变量 $Z=X+Y$ 的分布律; (2) 求 $V=\max(X, Y)$ 的分布律;

(3) 求 $U=\min(X, Y)$ 的分布律.

解: (1)

Z	-1	0	1	2	3
P	0	0	1	0	0

(2)

V	1	2
P	$\frac{2}{3}$	$\frac{1}{3}$

(3)

U	-1	0
P	$\frac{1}{3}$	$\frac{2}{3}$

【例 13】 设 X 与 Y 相互独立, $X\sim b(1, p)$, $Y\sim b(1, p)$, 求 $Z=X+Y$ 的分布律.

解: 方法一 $P(Z=0)=P(X=0,Y=0)=P(X=0)P(Y=0)=(1-p)^2$

$P(Z=1)=P(X=1,Y=0)+P(X=0,Y=1)=2p(1-p)$,

$P(Z=2)=P(X=1,Y=1)=p^2$

故 $Z=X+Y$ 的概率分布为

Z	0	1	2
P	$(1-p)^2$	$2p(1-p)$	p^2

方法二 因为 X 与 Y 相互独立, 所以 $Z=X+Y\sim b(2, p)$, 故 $Z=X+Y$ 的概率分布为

$$P(Z=k)=C_2^k p^k (1-p)^{2-k}, k=0,1,2.$$

【例 14】 设随机变量 X, Y 相互独立, 且分别具有概率密度

$$f_X(x)=\begin{cases}\frac{1}{2}e^{-\frac{1}{2}x}, & x>0,\\ 0, & 其它.\end{cases}\quad f_Y(y)=\begin{cases}\frac{1}{3}e^{-\frac{1}{3}y}, & y>0,\\ 0, & 其它.\end{cases}$$

求随机变量 $Z=X+Y$ 的概率密度.

解:
$$f_z(x)=\int_{-\infty}^{+\infty} f_Y(z-x)f_X(x)\mathrm{d}x,$$

当 $z>0$ 时, $f_z(z)=\int_0^z \frac{1}{3}e^{-\frac{1}{3}(z-x)}\ \frac{1}{2}e^{-\frac{x}{2}}\mathrm{d}x=\frac{1}{6}e^{-\frac{z}{3}}\int_0^z e^{-\frac{x}{6}}\mathrm{d}x=e^{-\frac{z}{3}}(1-e^{-\frac{z}{6}})$,

所以 $f_z(z)=\begin{cases}e^{-\frac{z}{3}}(1-e^{-\frac{z}{6}}), & z>0,\\ 0, & z\leqslant 0.\end{cases}$

【例 15】 设二维随机变量（X，Y）的联合概率密度为

$$f(x,y)=\begin{cases}x+y, & 0<x<1,0<y<1,\\ 0, & \text{其它}.\end{cases}$$

求随机变量 $Z=X+Y$ 的概率密度.

解：

$$f_z(z)=\int_{-\infty}^{+\infty}f(x,z-x)\mathrm{d}x,$$

令 $D=\{(x,z)|0<x<1,0<z-x<1\}=\{(x,z)|0<x<1,x<z<1+x\}$

则

$$f(x,z-x)=\begin{cases}z, & (x,z)\in D,\\ 0, & \text{其它}.\end{cases}$$

当 $z\leqslant 0$ 或 $z\geqslant 2$ 时，$f_z(z)=0$，

当 $0<z<1$ 时，$f_z(z)=\int_0^z z\mathrm{d}x=z^2$，

当 $1\leqslant z<2$ 时，$f_z(z)=\int_{z-1}^1 z\mathrm{d}x=z(2-z)$，

故

$$f_z(z)=\begin{cases}z^2, & 0<z<1,\\ z(2-z), & 1\leqslant z<2,\\ 0, & \text{其它}.\end{cases}$$

【例 16】 已知随机变量 X 与 Y 相互独立，且都服从参数为 1 的指数分布，求 $Z=\min\{X,Y\}$ 的概率密度.

解： X 与 Y 的分布函数分别为

$$F_X(x)=\begin{cases}1-\mathrm{e}^{-x}, & x>0,\\ 0, & x\leqslant 0.\end{cases}\qquad F_Y(y)=\begin{cases}1-\mathrm{e}^{-y}, & y>0,\\ 0, & y\leqslant 0.\end{cases}$$

令随机变量 $Z=\min\{X,Y\}$ 的分布函数为 $F_Z(z)$，则有

$$F_Z(z)=1-[1-F_X(z)][1-F_Y(z)]=\begin{cases}1-\mathrm{e}^{-2z}, & z>0,\\ 0, & z\leqslant 0.\end{cases}$$

所以 $Z=\min\{X,Y\}$ 的概率密度为 $f_Z(z)=\frac{\mathrm{d}}{\mathrm{d}z}F_Z(z)=\begin{cases}2\mathrm{e}^{-2z}, & z>0,\\ 0, & z\leqslant 0.\end{cases}$

三、综合练习

（一）填空题

1. 设二维随机变量（X，Y）的分布函数为

$$F(x,y)=\begin{cases}A+\frac{1}{(1+x+y)^2}-\frac{1}{(1+x)^2}-\frac{1}{(1+y)^2}, & x\geqslant 0,y\geqslant 0,\\ 0, & \text{其它}.\end{cases}$$

则常数 $A=$______.

2. 设二维离散型随机变量（X，Y）的分布律为

X \ Y	1	2	3
1	1/6	1/9	1/18
2	1/3	α	0

则 $\alpha=$______.

3. 设二维随机变量（X，Y）的概率密度为

$$f(x,y)=\begin{cases}2e^{-(x+2y)}, & x>0,y>0,\\ 0, & \text{其它}.\end{cases}$$

则分布函数为 $F(x, y)=$______________.

4. 设二维随机变量（X，Y）的概率密度为 $f(x, y)=\begin{cases}Ae^{-2x-y}, x>0, y>0,\\ 0, \quad \text{其它}.\end{cases}$ 则系数 $A=$______.

5. 二维随机变量（X，Y）的分布函数为

$$F(x,y)=\frac{1}{\pi^2}\left(\frac{\pi}{2}+\arctan\frac{x}{2}\right)\left(\frac{\pi}{2}+\arctan\frac{y}{3}\right),$$

则（X，Y）的概率密度函数 $f(x, y)=$______.

6. 设二维随机变量（X，Y）的分布函数为

$$F(x,y)=\begin{cases}(1-e^{-x})(1-e^{-3y}), x>0, y>0,\\ 0, \quad \text{其它}.\end{cases}$$

则（X，Y）的概率密度函数 $f(x, y)=$____________________.

7. 设随机变量(X,Y)在 $D=\{(x,y)\mid 0\leqslant x\leqslant 1, 0\leqslant y\leqslant 2\}$ 上服从均匀分布，则概率 $P(X+Y\leqslant 1)=$______.

8. 设（X，Y）的分布律为

Y \ X	0	1	2
−1	1/6	1/8	1/12
0	0	1/6	1/6
1	1/6	0	1/8

则随机变量 X 的边缘分布律为______.

9. 设二维连续型随机变量(X,Y)的概率密度为

$$f(x,y)=\begin{cases}1, & 0<x<1, 0<y<1,\\ 0, & \text{其它}.\end{cases}$$

则边缘概率密度 $f_X(x)=$__________，$f_Y(y)=$__________.

10. 设平面区域 D 由 $y=x$，$y=0$ 和 $x=1$ 所围成，二维随机变量（X，Y）在区域 D 上服从均匀分布，则随机变量（X，Y）的概率密度函数 $f(x, y)=$

________，边缘概率密度函数 $f_X(x)=$ ________.

11. 设 (X, Y) 的分布律为

Y \ X	-1	1	2
-2	$\frac{1}{12}$	$\frac{2}{12}$	$\frac{2}{12}$
-1	$\frac{1}{12}$	$\frac{1}{12}$	$\frac{3}{12}$

则条件概率 $P\{X=-1 \mid Y=-1\}=$ ______.

12. 设随机变量 X 与 Y 相互独立，分布函数分别为

$$F_X(x)=\begin{cases}1-e^{-2x}, & x>0,\\ 0, & x\leqslant 0.\end{cases}, \quad F_Y(y)=\begin{cases}1-e^{-3y}, & y>0,\\ 0, & y\leqslant 0.\end{cases}$$

则 X 与 Y 的联合分布函数为________.

13. 设随机变量 $X\sim U(0, 1)$，$Y\sim U(1, 5)$，且 X 与 Y 相互独立，则 X 与 Y 的联合概率密度函数为 $f(x, y)=$ ________.

14. 设随机变量 $X\sim N(1, 4)$，$Y\sim N(2, 9)$，且相互独立，则 $X+Y\sim$ ________；$P\{X+Y>3\}=$ ________.

15. 若二维正态分布 $(X,Y)\sim N(1,2,4,9,0)$，则 $X\sim$ ________，$Y\sim$ ________，$f_X(x)=$ ________，$f_Y(y)=$ ________.

随机变量 X 与 Y 是否独立？（填写独立或不独立）________.

（二）选择题

1. 设二维随机变量 (X, Y) 的概率密度为

$$f(x,y)=\begin{cases}Ae^{-(3x+2y)}, & x>0, y>0,\\ 0, & \text{其它}.\end{cases}$$

则 $A=$ ________.

A. $6x$　　B. 0　　C. 1/6　　D. 6

2. 设二维随机变量 (X, Y) 的概率密度函数为

$$f(x,y)=\begin{cases}c, & x^2\leqslant y<x,\\ 0, & \text{其它}.\end{cases}$$

则 $c=$ ________.

A. 6　　B. $\frac{1}{6}$　　C. $6x$　　D. $6x^2$

3. 设二维随机变量 (X, Y) 的概率密度为 $f(x,y)=\begin{cases}Ae^{-2x-y}, & x>0, y>0,\\ 0, & \text{其它}.\end{cases}$

则随机变量（X，Y）的分布函数为________.

A. $F(x,y)=\begin{cases}(1-e^{-2x})(1-e^{-y}), & x>0,y>0,\\ 0, & 其它.\end{cases}$

B. $F(x,y)=\begin{cases}2e^{-2x-y}, & x>0,y>0,\\ 0, & x\leqslant 0,y\leqslant 0.\end{cases}$

C. $F(x,y)=\begin{cases}(1-e^{-2x})(1-e^{-y}), & x>0,y>0,\\ 0, & x\leqslant 0,y\leqslant 0.\end{cases}$

D. $F(x,y)=\begin{cases}2e^{-2x-y}, & x>0,y>0,\\ 0, & 其它.\end{cases}$

4. 设二维随机变量（X，Y）的分布函数为

$$F(x,y)=\begin{cases}(1-e^{-x})(1-e^{-3y}), & x>0,y>0,\\ 0, & 其它.\end{cases}$$

则 $P(X<Y)=$________.

A. $\frac{1}{2}$　　B. $\frac{1}{3}$　　C. $\frac{1}{4}$　　D. $\frac{1}{6}$

5. 设二维随机变量（X，Y）的概率密度为

$$f(x,y)=\begin{cases}e^{-(x+y)}, & x>0,y>0,\\ 0, & 其它.\end{cases}$$

则 $P(X>Y+1)=$________.

A. $\frac{1}{3}e^{-1}$　　B. $\frac{1}{2}e^{-1}$　　C. $\frac{1}{6}e^{-1}$　　D. $\frac{1}{4}e^{-1}$

6. 设随机变量 X 在 1，2，3 中等可能地取一个值．另一个随机变量 Y 在 1～X 中等可能地取一整数值．则随机变量 Y 的边缘分布律为________.

A. $\begin{pmatrix}1 & 2 & 3\\ \frac{1}{6} & \frac{1}{8} & \frac{1}{12}\end{pmatrix}$　　B. $\begin{pmatrix}1 & 2 & 3\\ \frac{3}{8} & \frac{1}{3} & \frac{17}{24}\end{pmatrix}$

C. $\begin{pmatrix}1 & 2 & 3\\ \frac{1}{3} & \frac{1}{3} & \frac{1}{3}\end{pmatrix}$　　D. $\begin{pmatrix}1 & 2 & 3\\ \frac{11}{18} & \frac{5}{18} & \frac{1}{9}\end{pmatrix}$

7. 设二维随机变量（X，Y）的概率密度为

$$f(x,y)=\begin{cases}4xy, & 0<x<1,0<y<1,\\ 0, & 其它.\end{cases}$$

则随机变量 Y 边缘概率密度函数为________.

A. $f_Y(y)=\begin{cases}\int_0^1 4xy\mathrm{d}x=2y, & 0<x<1,0<y<1,\\ 0, & \text{其它}.\end{cases}$

B. $f_Y(y)=\begin{cases}\int_0^1 4xy\mathrm{d}x=2y, & 0<y<1,\\ 0, & \text{其它}.\end{cases}$

C. $f_Y(y)=\begin{cases}\int_0^1 4xy\mathrm{d}y=2x, & 0<y<1,\\ 0, & \text{其它}.\end{cases}$

D. $f_Y(y)=\begin{cases}\int_0^1 4xy\mathrm{d}y=2x, & 0<x<1,0<y<1,\\ 0, & \text{其它}.\end{cases}$

8. 设二维随机变量（X，Y）的概率密度为

$$f(x,y)=\begin{cases}2\mathrm{e}^{-(x+2y)}, & x>0,y>0,\\ 0, & \text{其它}.\end{cases}$$

则随机变量 X 边缘概率密度函数为________.

A. $f_X(x)=\begin{cases}2\mathrm{e}^{-2y}, & x>0,\\ 0, & \text{其它}.\end{cases}$　　B. $f_X(x)=\begin{cases}2\mathrm{e}^{-2x}, & x>0,\\ 0, & \text{其它}.\end{cases}$

C. $f_X(x)=\begin{cases}\mathrm{e}^{-x}, & x>0,\\ 0, & \text{其它}.\end{cases}$　　D. $f_X(x)=\begin{cases}\mathrm{e}^{-x}, & y>0,\\ 0, & \text{其它}.\end{cases}$

9. 设二维随机变量（X，Y）的分布函数为

$$F(x,y)=\begin{cases}(1-\mathrm{e}^{-x})(1-\mathrm{e}^{-2y}), & x>0,y>0,\\ 0, & \text{其它}.\end{cases}$$

则随机变量 X 边缘分布函数为 $F_X(x)=$________.

A. $F_X(x)=\begin{cases}1-\mathrm{e}^{-x}, & x>0,\\ 0, & \text{其它}.\end{cases}$

B. $F_X(x)=\begin{cases}1-\mathrm{e}^{-2x}, & x>0,\ y>0,\\ 0, & \text{其它}.\end{cases}$

C. $F_X(x)=\begin{cases}1-\mathrm{e}^{-x}, & x>0,\ y>0,\\ 0, & \text{其它}.\end{cases}$

D. $F_X(x)=\begin{cases}1-\mathrm{e}^{-2x}, & y>0,\\ 0, & \text{其它}.\end{cases}$

10. 设平面区域 D 由 $y=x$，$y=-x$ 和 $x=1$ 所围成，二维随机变量（X，Y）在区域 D 上服从均匀分布，则随机变量 Y 的边缘概率密度函数为________.

A. $f_Y(y)=\begin{cases}\int_0^1 1\mathrm{d}x=1, & -x<y<x,\\ 0, & \text{其它}.\end{cases}$

B. $f_Y(y)=\begin{cases}\int_0^1 1\mathrm{d}x=1, & -1<y<1,\\ 0, & \text{其它}.\end{cases}$

C. $f_Y(y)=\begin{cases}\int_y^1 1\mathrm{d}x=1-y, & 0<y<1,\\ \int_{-y}^1 1\mathrm{d}x=1+y, & -1<y\leqslant 0,\\ 0, & \text{其它}.\end{cases}$

D. $f_Y(y)=\begin{cases}\int_x^1 1\mathrm{d}x=1-x, & 0<y<1,\\ \int_{-x}^1 1\mathrm{d}x=1+x, & -1<y\leqslant 0,\\ 0, & \text{其它}.\end{cases}$

11. 设随机变量 $X\sim U(0,5)$，$Y\sim N(1,5)$，且 X 与 Y 相互独立，则 X 与 Y 的联合概率密度函数为 $f(x,y)=$________.

A. $\begin{cases}\dfrac{1}{5\sqrt{10\pi}}\exp\left(-\dfrac{(y-1)^2}{10}\right), & 0<x<5,\ y\in R,\\ 0, & \text{其它}.\end{cases}$

B. $\begin{cases}\dfrac{1}{20}, & 0<x<5,\ 1\leqslant y\leqslant 5,\\ 0, & \text{其它}.\end{cases}$

C. $\begin{cases}\dfrac{1}{10\pi}\exp\left(-\dfrac{x^2}{10}-\dfrac{(y-1)^2}{10}\right), & x\in R,\ y\in R\\ 0, & \text{其它}.\end{cases}$

D. $\begin{cases}\dfrac{1}{20}, & 0<x<5,\ y\in R,\\ 0, & \text{其它}.\end{cases}$

12. 若 X 与 Y 相互独立，而 X 与 Y 都服从参数为 0.5 的（0—1）分布，则 X 与 Y 的联合分布律为________.

A.

Y \ X	0	1
0	0.25	0.75
1	0.25	0.75

B.

Y \ X	0	1
0	0.25	0.25
1	0.25	0.25

C.

Y \ X	0	1
0	0.75	0.25
1	0.75	0.25

D.

Y \ X	0	1
0	0.5	0.5
1	0.5	0.5

13. 设随机变量 $X \sim N(3,2)$，$Y \sim N(2,2)$，且相互独立，令 $Z=X+Y$，则 $P(Z<1)=$________.

A. $\Phi(2)$　　B. $1-\Phi(2)$　　C. $\Phi(1)$　　D. $1-\Phi(1)$

(三) 综合题

1. 设盒内有3只红球，1只白球，从中不放回地抽取2次，每次抽一球，记第一次抽到红球数为 X，2次共抽到的红球数为 Y，求（1）(X, Y) 的联合分布律；（2）X，Y 的边缘分布律．

2. 设二维连续型随机变量 (X, Y) 的概率密度为

$$f(x,y)=\begin{cases} x^2+\dfrac{xy}{3}, & 0<x<1, 0<y<2, \\ 0, & \text{其它}. \end{cases}$$

（1）求关于 X 及 Y 的边缘概率密度函数；（2）求 $P\{Y<X\}$．

3. 设随机变量 X 与 Y 相互独立，在下列条件下，求 (X, Y) 的联合概率密度．

（1）X 与 Y 均服从区间 $[0, 1]$ 上的均匀分布；（2）X 与 Y 均服从 $N(0, 1)$ 分布．

4. 设随机变量 X 与 Y 相互独立，且均服从密度为

$$f(x)=\begin{cases} 2x, & 0<x<1 \\ 0, & \text{其它} \end{cases} \text{的分布},$$

求（1）(X, Y) 的联合概率密度；（2）$P(X+Y<1)$．

5.* 设随机变量 X，Y 相互独立，且分别具有概率密度

$$f_X(x)=\begin{cases} 1, & 0 \leqslant x \leqslant 1, \\ 0, & \text{其它}. \end{cases} \quad f_Y(y)=\begin{cases} 2y, & 0 \leqslant y \leqslant 1, \\ 0, & \text{其它}. \end{cases}$$

求随机变量 $Z=X+Y$ 的概率密度．

6. * 设二维随机变量 X，Y 相互独立，且分别具有概率密度

$$f_X(x)=\begin{cases}1, & 0\leqslant x\leqslant 1,\\ 0, & \text{其它}.\end{cases} \quad f_Y(y)=\begin{cases}e^{-y}, & y>0,\\ 0, & y\leqslant 0.\end{cases}$$

求随机变量 $Z=X+Y$ 的概率密度.

7. 设（X，Y）的分布律为

$Y \backslash X$	-1	1	2
-2	$\frac{1}{12}$	$\frac{2}{12}$	$\frac{2}{12}$
-1	$\frac{1}{12}$	$\frac{1}{12}$	0
0	$\frac{2}{12}$	$\frac{1}{12}$	$\frac{2}{12}$

求随机变量 $Z=X+Y$ 的分布律.

8. * 设二维随机变量（X，Y）的概率密度为

$$f(x,y)=\begin{cases}2-x-y, & 0<x<1, 0<y<1,\\ 0, & \text{其它}.\end{cases}$$

（1）求 $P\{X>2Y\}$；（2）求随机变量 $Z=X+Y$ 的概率密度.

9. 设 X 与 Y 是两个相互独立且服从同一分布的随机变量，如果 X 的分布律为 $P\{X=i\}=\frac{1}{3}, i=1,2,3$，又设 $Z_1=\max(X,Y)$，$Z_2=\min(X,Y)$，分别求 Z_1，Z_2 的分布律.

10. 对某种电子装置的输出测量了 3 次，得到的观测值为 X_1，X_2，X_3，设它们是相互独立的随机变量，且都服从相同的分布，分布函数为

$$F(x)=\begin{cases}1-e^{-\frac{x^2}{8}}, & x\geqslant 0,\\ 0, & x<0.\end{cases}$$

求 $P\{\max(X_1, X_2, X_3)>4\}$.

第三章综合练习参考答案

第四章　随机变量的数字特征

一、基本概念

(一) 数学期望(简称均值)

离散型随机变量的数学期望:设离散型随机变量 X 的概率分布为 $P(X=x_i)=p_i$,$i=1,2,\cdots$,若级数 $\sum_{i=1}^{\infty} x_i p_i$ 绝对收敛,则定义 X 的数学期望为

$$E(X)=\sum_{i=1}^{\infty} x_i p_i.$$

连续型随机变量的数学期望:设连续型随机变量 X 的概率密度为 $f(x)$,若积分 $\int_{-\infty}^{+\infty} x f(x)\mathrm{d}x$ 绝对收敛,则定义 X 的数学期望为 $E(X)=\int_{-\infty}^{+\infty} x f(x)\mathrm{d}x$.

随机变量函数的数学期望定理 1:设 $Y=g(X)$,$g(x)$ 是连续函数

(1) 当 X 是离散型随机变量,概率分布为 $P(X=x_i)=p_i$,$i=1,2,\cdots$,且 $\sum_{i=1}^{\infty}|g(x_i)|p_i$ 收敛,则有 $E(Y)=E[g(X)]=\sum_{i=1}^{\infty} g(x_i)p_i$.

(2) 当 X 是连续型随机变量,概率密度为 $f(x)$,且 $\int_{-\infty}^{+\infty}|g(x)|f(x)\mathrm{d}x$ 收敛,则有

$$E(Y)=E[g(X)]=\int_{-\infty}^{+\infty} g(x)f(x)\mathrm{d}x.$$

随机变量函数的数学期望定理 2:设 $Z=g(X,Y)$,$g(x,y)$ 是连续函数

(1) 当 (X,Y) 是离散型随机变量,概率分布为 $P(X=x_i,Y=y_j)=p_{ij}$,

$i,j=1,2,\cdots$，且 $\sum_{i=1}^{\infty}\sum_{j=1}^{\infty}|g(x_i,y_j)|p_{ij}$ 收敛时，则有

$$E(Z)=E[g(X,Y)]=\sum_{i=1}^{\infty}\sum_{j=1}^{\infty}g(x_i,y_j)p_{ij}.$$

（2）当 (X,Y) 是连续型随机变量，概率密度为 $f(x,y)$，且 $\int_{-\infty}^{+\infty}\int_{-\infty}^{+\infty}|g(x,y)|f(x,y)\mathrm{d}x\mathrm{d}y$ 收敛时，则有

$$E(Z)=E[g(X,Y)]=\int_{-\infty}^{+\infty}\int_{-\infty}^{+\infty}g(x,y)f(x,y)\mathrm{d}x\mathrm{d}y.$$

数学期望的性质如下．

（1）$E(C)=C$，C 为常数．　（2）$E(CX)=CE(X)$，C 为常数．

（3）$E(X\pm Y)=E(X)\pm E(Y),E(\sum_{i=1}^{n}X_i)=\sum_{i=1}^{n}E(X_i)$,

$$E(\sum_{i=1}^{n}a_iX_i)=\sum_{i=1}^{n}a_iE(X_i).$$

（4）若 X 与 Y 相互独立，则 $E(XY)=E(X)E(Y)$.

若 X_1，X_2，$\cdots$，X_n 相互独立，则 $E(\prod_{i=1}^{n}X_i)=\prod_{i=1}^{n}E(X_i)$.

（二）方差

方差的定义：设 X 是随机变量，若 $E\{[X-E(X)]^2\}$ 存在，则称它为随机变量 X 的方差，记为 $D(X)$，即 $D(X)=E\{[X-E(X)]^2\}$. 并称 $\sqrt{D(X)}$ 为随机变量 X 标准差．

计算公式：$D(X)=E(X^2)-[E(X)]^2$.

方差的性质如下．

（1）$D(C)=0$，C 为常数．　（2）$D(CX)=C^2D(X)$，C 为常数．

（3）若 X 与 Y 相互独立，则 $D(X\pm Y)=D(X)+D(Y)$.

若 X_1，X_2，$\cdots$，X_n 相互独立，则

$$D(\sum_{i=1}^{n}X_i)=\sum_{i=1}^{n}D(X_i),\quad D(\sum_{i=1}^{n}a_iX_i)=\sum_{i=1}^{n}a_i^2D(X_i).$$

（4）$D(X)=0$ 的充要条件为 $P(X=a)=1$，$a=E(X)$ 为常数．

常见随机变量的期望和方差如下．

（1）（0－1）分布：$X\sim(0-1)$，$E(X)=p$，$D(X)=p(1-p)$.

（2）二项分布：$X\sim b(n,p)$，$E(X)=np$，$D(X)=np(1-p)$.

（3）泊松分布：$X\sim\pi(\lambda)$，$E(X)=\lambda$，$D(X)=\lambda$.

(4) 均匀分布：$X \sim U(a,b)$，$E(X)=\frac{a+b}{2}$，$D(X)=\frac{(b-a)^2}{12}$.

(5) 指数分布：$X \sim E(\theta)$，$E(X)=\theta$，$D(X)=\theta^2$.

(6) 正态分布：$X \sim N(\mu,\sigma^2)$，$E(X)=\mu$，$D(X)=\sigma^2$.

(三) 协方差及相关系数

协方差：设 (X,Y) 是一个二维随机变量，若 $E\{[X-E(X)][Y-E(Y)]\}$ 存在，则称它为 X 与 Y 的协方差，记作 $\text{Cov}(X,Y)$，即

$$\text{Cov}(X,Y)=E\{[X-E(X)][Y-E(Y)]\}.$$

有关计算公式：(1) $\text{Cov}(X,Y)=E(XY)-E(X)\cdot E(Y)$.

(2) $D(X\pm Y)=D(X)+D(Y)\pm 2\text{Cov}(X,Y)$.

协方差的性质如下．

(1) $\text{Cov}(X,Y)=\text{Cov}(Y,X)$. (2) $\text{Cov}(aX,bY)=ab\text{Cov}(X,Y)$，$a$，$b$ 为常数．

(3) $\text{Cov}(X_1+X_2,Y)=\text{Cov}(X_1,Y)+\text{Cov}(X_2,Y)$.

(4) $\text{Cov}(X,X)=D(X)$. (5) $\text{Cov}(X,a)=0$，a 为常数．

(6) $\text{Cov}(aX+b,cY+d)=ac\text{Cov}(X,Y)$，$a,b,c,d$ 为常数．

(7) 若 X 与 Y 相互独立，$\text{Cov}(X,Y)=0$.

相关系数：若 $\text{Cov}(X,Y)$ 存在，且 $D(X)>0$，$D(Y)>0$，则称 $\frac{\text{Cov}(X,Y)}{\sqrt{D(X)}\sqrt{D(Y)}}$ 为 X 与 Y 的相关系数，记作 ρ，即 $\rho=\frac{\text{Cov}(X,Y)}{\sqrt{D(X)}\sqrt{D(Y)}}$.

相关系数的性质：(1) $|\rho|\leqslant 1$；(2) $|\rho|=1$ 的充要条件是存在常数 a,b，使 $P(Y=a+bX)=1$.

不相关：若 X 与 Y 的相关系数 $\rho=0$，称 X 与 Y 不相关．

有关结论如下．

(1) $\rho=0 \Leftrightarrow \text{Cov}(X,Y)=0 \Leftrightarrow E(XY)=E(X)E(Y) \Leftrightarrow D(X\pm Y)=D(X)+D(Y)$.

(2) $|\rho|=1$，称 X 与 Y 完全线性相关，即若 $Y=a+bX$，$|\rho|=1$.

(3) $0<\rho\leqslant 1$ 时，称 X 与 Y 正相关；$-1\leqslant\rho<0$ 时，称 X 与 Y 负相关．

(4) 若 X 与 Y 独立，则 X 与 Y 一定不相关，反之未必成立；对于正态分布，独立与不相关等价．

(四) 矩

k 阶矩：$E(X^k)$ 称为 X 的 k 阶原点矩，简称 k 阶矩．$E(X)$ 是一阶矩．

k 阶中心矩：$E\{[X-E(X)]^k\}$ 称为 X 的 k 阶中心矩．$D(X)$ 是 2 阶中心矩．

混合矩：$E(X^kY^l)$ 称为 X 与 Y 的 $k+l$ 阶混合矩．

混合中心矩：$E\{[X-E(X)]^k[Y-E(Y)]^l\}$ 称为 X 与 Y 的 $k+l$ 阶混合中心矩．$\text{Cov}(X,Y)$ 是 2 阶混合中心矩．

二、典型例题

【例 1】 一个牙医在一个小时内能诊治的病人数 X 是一个随机变量，其分布律如下：

$$X \sim \begin{pmatrix} 1 & 2 & 3 & 4 \\ \frac{2}{15} & \frac{10}{15} & \frac{2}{15} & \frac{1}{15} \end{pmatrix}$$

求 X 的数学期望 $E(X)$．

解：X 的数学期望为

$$E(X)=1\times\frac{2}{15}+2\times\frac{10}{15}+3\times\frac{2}{15}+4\times\frac{1}{15}=\frac{32}{15}\approx 2.13.$$

即牙医每小时平均诊治约 2 个病人．

【例 2】 设随机变量 $X\sim\pi(\lambda)$，求 X 的数学期望 $E(X)$，$D(X)$．

解：随机变量 X 的分布律为

$$P(X=k)=\frac{\lambda^k e^{-\lambda}}{k!},\ k=0,1,\cdots,\ \lambda>0.$$

X 的数学期望为

$$E(X)=\sum_{k=0}^{\infty}k\frac{\lambda^k e^{-\lambda}}{k!}=\lambda e^{-\lambda}\sum_{k=1}^{\infty}\frac{\lambda^{k-1}}{(k-1)!}=\lambda e^{-\lambda}\cdot e^{\lambda}=\lambda,$$

即

$$E(X)=\lambda.$$

$$\begin{aligned}E(X^2)&=E[X(X-1)+X]=E[X(X-1)]+E(X)\\&=\sum_{k=0}^{\infty}k(k-1)\frac{\lambda^k e^{-\lambda}}{k!}+\lambda=\lambda^2 e^{-\lambda}\sum_{k=2}^{\infty}\frac{\lambda^{k-2}}{(k-2)!}+\lambda\\&=\lambda^2 e^{-\lambda}e^{\lambda}+\lambda=\lambda^2+\lambda.\end{aligned}$$

所以方差 $D(X)=E(X^2)-[E(X)]^2=\lambda$.

【例 3】 设风速 V 在 $(0,a)$ 上服从均匀分布，又设飞机机翼受到的正压力 W 是 V 的函数，$W=kV^2$（$k>0$，常数），求 W 的数学期望．

解：由定理 1 内容知，$E(W)=E(kV^2)=\int_{-\infty}^{\infty}kv^2 f(v)\mathrm{d}v=\int_0^a kv^2\frac{1}{a}\mathrm{d}v=\frac{ka^2}{3}$.

【例 4】 设二维随机变量 (X,Y) 的分布律为

X \ Y	1	2
−1	$\frac{1}{4}$	$\frac{1}{2}$
1	0	$\frac{1}{4}$

求 $E(X)$，$E(Y)$，$E(XY)$．

解：根据定理2，得

$$E(X)=(-1)\times\left(\frac{1}{4}+\frac{1}{2}\right)+1\times\frac{1}{4}=-\frac{1}{2},\ E(Y)=1\times\frac{1}{4}+2\times\left(\frac{1}{2}+\frac{1}{4}\right)=\frac{7}{4},$$

$$E(XY)=\sum_{i=1}^{2}\sum_{j=1}^{2}x_iy_j\cdot p_{ij}=(-1)\times1\times\frac{1}{4}+(-1)\times2\times\frac{1}{2}+1\times2\times\frac{1}{4}=-\frac{3}{4}.$$

【例5】 设二维随机变量 (X,Y) 的概率密度为

$$f(x,y)=\begin{cases}12y^2, & 0\leqslant y\leqslant x\leqslant1,\\ 0 & \text{其它}.\end{cases}$$

求 $E(X)$，$E(Y)$，$E(XY)$．

解：$E(X)=\int_{-\infty}^{+\infty}\int_{-\infty}^{+\infty}xf(x,y)\mathrm{d}x\mathrm{d}y=\int_0^1\mathrm{d}x\int_0^x x\cdot12y^2\mathrm{d}y=\frac{4}{5}$，

$$E(Y)=\int_{-\infty}^{+\infty}\int_{-\infty}^{+\infty}yf(x,y)\mathrm{d}x\mathrm{d}y=\int_0^1\mathrm{d}x\int_0^x y\cdot12y^2\mathrm{d}y=\frac{3}{5},$$

$$E(XY)=\int_{-\infty}^{+\infty}\int_{-\infty}^{+\infty}xyf(x,y)\mathrm{d}x\mathrm{d}y=\int_0^1\mathrm{d}x\int_0^x xy\cdot12y^2\mathrm{d}y=\frac{1}{2}.$$

【例6】 将 n 只球（$1\sim n$ 号）随机地放进 n 个盒子（$1\sim n$ 号）中去，一个盒子装一个球．若一只球装入与球同号的盒子中，称为一个配对，记 X 为总的配对数，求 $E(X)$．

解：引入随机变量

$$X_i=\begin{cases}0, & \text{第 } i \text{ 号球未装入第 } i \text{ 号盒子},\\ 1, & \text{第 } i \text{ 号球装入第 } i \text{ 号盒子},\end{cases}\qquad i=1,2,\cdots,n.$$

易知，$X=X_1+X_2+\cdots+X_n$，而

$P\{X_i=0\}=\frac{n-1}{n}$，$P\{X_i=1\}=\frac{1}{n}$，所以，$E(X_i)=\frac{1}{n}$，故

$$E(X)=E(X_1+X_2+\cdots+X_n)=E(X_1)+E(X_2)+\cdots+E(X_n)=n\times\frac{1}{n}=1.$$

【例7】 设随机变量 X 的分布律为

X	-2	0	2
p_k	0.4	0.3	0.3

求：$E(X)$，$E(X^2)$，$E(3X^2+1)$，$D(X)$．

解：$E(X)=-2\times0.4+0\times0.3+2\times0.3=-0.2$，

$E(X^2)=(-2)^2\times0.4+0^2\times0.3+2^2\times0.3=2.8$，

$E(3X^2+1)=3E(X^2)+1=3\times2.8+1=9.4$，

$D(X)=E(X^2)-[E(X)]^2=2.8-(-0.2)^2=2.76.$

【例 8】 设离散型随机变量 X 服从参数为 2 的泊松分布，求随机变量 $Z=3X-2$ 的期望与方差．

解： 因为 $E(X)=2$，$D(X)=2$.

所以 $E(Z)=3\times E(X)-2=4$，$D(Z)=9D(X)=18$.

【例 9】 箱内装有 5 个电子元件，其中 2 个是次品，现每次从箱子中随机地取出 1 件进行检验，直到取出全部次品为止，求所需检验次数的数学期望．

解： 用 X 表示所需检验次数，根据题意，X 可取 2，3，4，5，

$$P(X=2)=\frac{1}{10}，P(X=3)=\frac{2}{10}，P(X=4)=\frac{3}{10}，P(X=5)=\frac{4}{10}.$$

$$E(X)=2\times\frac{1}{10}+3\times\frac{2}{10}+4\times\frac{3}{10}+5\times\frac{4}{10}=4.$$

【例 10】 设随机变量 X 的概率密度为 $f(x)=\begin{cases}x, & 0<x<1,\\ 2-x, & 1\leqslant x<2,\\ 0, & \text{其它}.\end{cases}$ 求 $E(X)$，$D(X)$.

解： $E(X)=\int_{-\infty}^{+\infty}xf(x)\mathrm{d}x=\int_0^1 x\cdot x\mathrm{d}x+\int_1^2 x\cdot(2-x)\mathrm{d}x=\frac{1}{3}+\frac{2}{3}=1$，

$$E(X^2)=\int_{-\infty}^{+\infty}x^2f(x)\mathrm{d}x=\int_0^1 x^2\cdot x\mathrm{d}x+\int_1^2 x^2\cdot(2-x)\mathrm{d}x=\frac{1}{4}+\frac{11}{12}=\frac{7}{6},$$

$$D(X)=E(X^2)-[E(X)]^2=\frac{7}{6}-1=\frac{1}{6}.$$

【例 11】 据统计，一位 40 岁的健康者（体检未发现病症者），在五年之内仍然活着的概率为 p（$0<p<1$），p 已知，在五年内死亡的概率为 $1-p$，保险公司开办五年人寿保险，参加者需交保险费 a 元（$a>0$，为已知量），若五年之内死亡，公司赔偿 b 元（$b>a$），问 b 的取值在什么范围内公司才可能获利？

解： 设 X 表示保险公司的收益，则 X 的分布律为

X	a	$a-b$
p_k	p	$1-p$

保险公司收益就是指保险公司平均收益为非负，而

$$E(X)=ap+(a-b)(1-p)=a-b(1-p),$$

所以，当 $E(X)>0$ 时，保险公司可望获益，即 $E(X)=a-b(1-p)>0$，可得，$b<\dfrac{a}{1-p}$.

综上所述，当 $a<b<\frac{a}{1-p}$ 时，保险公司才能获益．

【例 12】 有 100 名战士参加实弹演习，设每名战士一次射击的命中率为 0.8，规定每名战士至多射击 4 次，若已射中则不再射击，问：这次演习至少应准备多少发子弹？

解： 设 X_i 表示第 i 名战士需用的子弹数，$i=1,2,3,\cdots,100$. X_i 可取值为 1，2，3，4，且

$$P(X_i=1)=0.8,\ P(X_i=2)=0.2\times0.8=0.16,$$

$$P(X_i=3)=0.2^2\times0.8=0.032,\ P(X_i=4)=0.2^3\times0.8+0.2^4=0.008,$$

那么每名战士平均需用的子弹数为

$$E(X_i)=0.8+2\times0.16+3\times0.032+4\times0.008=1.248,$$

于是这次演习应准备的子弹数为 $E(X)=E\left(\sum_{i=1}^{100}X_i\right)=\sum_{i=1}^{100}E(X_i)=100\times1.248=124.8$，即该次演习至少应准备 125 发子弹．

【例 13】 设随机变量 $X\sim U(0,1)$，$Y\sim U(1,3)$，X 与 Y 相互独立，求 $E(XY)$ 和 $D(XY)$．

解： 由已知，得 $E(X)=\frac{1}{2}$，$E(Y)=2$，$D(X)=\frac{1}{12}$，$D(Y)=\frac{1}{3}$，

$$E(X^2)=D(X)+[E(X)]^2=\frac{1}{3},\ E(Y^2)=D(Y)+[E(Y)]^2=\frac{13}{3},$$

因为 X 与 Y 相互独立，所以

$$E(XY)=E(X)E(Y)=1,\ D(XY)=E(X^2Y^2)-[E(XY)]^2=\frac{13}{9}-1=\frac{4}{9}.$$

【例 14】 设二元随机变量 (X,Y) 有密度函数

$$f(x,y)=\begin{cases}2-x-y, & 0<x<1,0<y<1,\\ 0 & \text{其它}.\end{cases}$$

求相关系数 ρ_{XY}.

解： $E(X)=\int_0^1\int_0^1 x(2-x-y)\mathrm{d}x\mathrm{d}y=\frac{5}{12}$，$E(Y)=\int_0^1\int_0^1 y(2-x-y)\mathrm{d}x\mathrm{d}y=\frac{5}{12}$，

$$E(X^2)=\int_0^1\int_0^1 x^2(2-x-y)\mathrm{d}x\mathrm{d}y=\frac{1}{4},\ E(Y^2)=\int_0^1\int_0^1 y^2(2-x-y)\mathrm{d}x\mathrm{d}y=\frac{1}{4},$$

$$E(XY)=\int_0^1\int_0^1 xy(2-x-y)\mathrm{d}x\mathrm{d}y=\frac{1}{6}$$

$$\mathrm{Cov}(X,Y)=E(XY)-E(X)E(Y)=\frac{1}{6}-\frac{5}{12}\times\frac{5}{12}=-\frac{1}{144},$$

$$D(X)=E(X^2)-[E(X)]^2=\frac{1}{4}-\frac{25}{144}=\frac{11}{144},$$

$$D(Y)=E(Y^2)-[E(Y)]^2=\frac{1}{4}-\frac{25}{144}=\frac{11}{144},$$

$$\rho_{XY}=\frac{\mathrm{Cov}(X,Y)}{\sqrt{D(X)}\sqrt{D(Y)}}=\frac{-1/144}{\sqrt{\frac{11\times 11}{144\times 144}}}=-\frac{1}{11}.$$

【例 15】 某种商品的每周需求量 $X\sim U(10,30)$，而经销商店进货数量为 $[10,30]$ 中的某一整数．商店每销售一单位商品可获利 500 元；若供大于求则削价处理，每处理一单位商品亏损 100 元；若供不应求则可从外部调剂供应，此时每一单位商品仅获利 300 元．为使商品所获利润期望值不少于 9280 元，试确定最少进货量．

解：设进货量为 a，则利润为

$$Y=\begin{cases}500X-(a-X)100, 10\leqslant X\leqslant a,\\ 500a+(X-a)300, a<X\leqslant 30.\end{cases}=\begin{cases}600X-100a, 10\leqslant X\leqslant a,\\ 300X+200a, a<X\leqslant 30.\end{cases}$$

利润期望为

$$E(Y)=\frac{1}{20}\int_{10}^{a}(600x-100a)\mathrm{d}x+\frac{1}{20}\int_{a}^{30}(300x+200a)\mathrm{d}x=-7.5a^2+350a+5250.$$

由于 $E(Y)\geqslant 9280$，则有 $-7.5a^2+350a+5250\geqslant 9280$，解得 $\frac{62}{3}\leqslant a\leqslant 26$.

所以，利润期望值不少于 9280 元的最少进货量为 21 单位．

【例 16】 设 (X,Y) 服从区域 D：$0<x<1$，$0<y<x$ 上的均匀分布，求 X 与 Y 的相关系数．

解：由题意可知，$f(x,y)=\begin{cases}2, 0<x<1, 0<y<x,\\ 0, \quad 其它.\end{cases}$

$$E(X)=\int_0^1 2x\mathrm{d}x\int_0^x\mathrm{d}y=\frac{2}{3}, D(X)=\int_0^1 2x^2\mathrm{d}x\int_0^x\mathrm{d}y-\left(\frac{2}{3}\right)^2=\frac{1}{18},$$

$$E(Y)=\int_0^1\mathrm{d}x\int_0^x 2y\mathrm{d}y=\frac{1}{3}, D(Y)=\int_0^1\mathrm{d}x\int_0^x 2y^2\mathrm{d}y-\left(\frac{1}{3}\right)^2=\frac{1}{18},$$

$$E(XY)=\int_0^1 x\mathrm{d}x\int_0^x 2y\mathrm{d}y=\frac{1}{4}, \quad \mathrm{Cov}(X,Y)=E(XY)-E(X)E(Y)=\frac{1}{36},$$

$$\rho=\frac{\mathrm{Cov}(X,Y)}{\sqrt{D(X)}\sqrt{D(Y)}}=\frac{1}{2}.$$

【例 17】 已知 $D(X)=4$，$D(Y)=9$，$\rho_{XY}=0.6$，求 $D(3X-2Y)$.

解：$D(3X-2Y)=D(3X)+D(2Y)-2\rho_{XY}\times2\times3\sqrt{D(X)}\sqrt{D(Y)}$

$$=9\times4+4\times9-12\times0.6\times2\times3=28.8.$$

【例 18】 已知随机变量 (X,Y) 的分布律为

X \ Y	-1	0	1
-1	$\frac{1}{8}$	$\frac{1}{8}$	$\frac{1}{8}$
0	$\frac{1}{8}$	0	$\frac{1}{8}$
1	$\frac{1}{8}$	$\frac{1}{8}$	$\frac{1}{8}$

试验证 X 与 Y 不相关.

证：$E(X)=-1\times\frac{3}{8}+1\times\frac{3}{8}=0$,

$E(X^2)=1\times\frac{3}{8}+1\times\frac{3}{8}=\frac{3}{4}$,

$E(Y)=-1\times\frac{3}{8}+1\times\frac{3}{8}=0$，$E(XY)=\frac{1}{8}-\frac{1}{8}-\frac{1}{8}+\frac{1}{8}=0$,

$\mathrm{Cov}(X,Y)=E(XY)-E(X)E(Y)=0.$

所以，$\rho_{XY}=0$，即 X 与 Y 不相关.

【例 19】 设随机变量 $X\sim b(12,0.5)$，$Y\sim N(0,1)$，$\mathrm{Cov}(X,Y)=1$，求 $V=4X+3Y+1$ 与 $W=-2X+4Y$ 的方差、协方差与相关系数 ρ_{XY}.

解：由 $X\sim b(12,0.5)$ 得，$D(X)=12\times0.5\times0.5=3$，由 $Y\sim N(0,1)$ 得，$D(Y)=1$.

$D(V)=D(4X+3Y+1)=D(4X+3Y)=D(4X)+D(3Y)+2\mathrm{Cov}(4X,3Y)$

$\quad=16D(X)+9D(Y)+24=81.$

$D(W)=D(-2X+4Y)=D(-2X)+D(4Y)+2\mathrm{Cov}(-2X,4Y)$

$\quad=4D(X)+16D(Y)-16=12.$

$\mathrm{Cov}(V,W)=\mathrm{Cov}(4X+3Y+1,-2X+4Y)=\mathrm{Cov}(4X+3Y,-2X+4Y)$

$\quad=\mathrm{Cov}(4X,-2X)+\mathrm{Cov}(4X,4Y)+\mathrm{Cov}(3Y,-2X)+\mathrm{Cov}(3Y,4Y)$

$\quad=-8D(X)+16\mathrm{Cov}(X,Y)-6\mathrm{Cov}(X,Y)+12D(Y)=-2.$

$$\rho_{XY}=\frac{\mathrm{Cov}(X,Y)}{\sqrt{D(X)}\sqrt{D(Y)}}=\frac{1}{\sqrt{3}}=\frac{\sqrt{3}}{3}.$$

三、综合练习

(一) 填空题

1. 设随机变量 X 的分布律为

X	-2	0	2
p_k	0.4	0.3	0.3

则 $E(X)=$____.

2. 若随机变量 X 服从 $b(1,0.3)$，则 $E(X)=$____.

3. 设离散型随机变量 X 服从参数为 2 的泊松分布，则随机变量 $Z=3X-2$ 的期望为____.

4. 设随机变量 $X\sim N(1,4)$，$Y\sim N(2,9)$，且 X 与 Y 独立，$Z=2X-3Y-1$，则 $E(Z)=$____.

5. 设随机变量 X 服从均值为 3 的指数分布，则 $E(2X)=$____.

6. 若随机变量 $X\sim\pi(5)$，$Y\sim U(2,5)$，则 $E(4Y-5X)=$____.

7. 设随机变量 (X,Y) 在区域 $D=\{(x,y)\mid 0<x<1,0<y<2\}$ 上服从均匀分布，则 $E(X)=$____；$E(Y)=$____；$E(2X+Y+1)=$____；$E(XY)=$____.

8. 设二维随机变量 (X,Y) 的概率密度为 $f(x,y)=\begin{cases}A\mathrm{e}^{-2x-3y}, & x>0,y>0,\\ 0, & 其它.\end{cases}$

(1) $E(2X+3Y+1)=$____；(2) $E(6XY)=$____.

9. 若二维正态分布 $(X,Y)\sim N(1,2,4,9,0)$，则 (1) $E(X)=$____，$E(Y)=$____；(2) $E(X+Y)=$____；(3) $E(XY)=$____.

10. 求 1～5 题的方差.

11. 设随机变量 X 服从参数为 2 的泊松分布，则 $E(X^2)=$____.

12. 设随机变量 $X\sim N(1,4)$，$Y\sim N(2,9)$，且 X 与 Y 独立，$Z=2X-3Y-1$，则 $Z\sim$____；$E(Z^2)=$____.

13. 设 X 表示 10 次独立重复射击命中目标的次数，每次命中目标的概率为 0.4，则 X^2 的数学期望为____.

14. 设随机变量 (X,Y) 在区域 $D=\{(x,y)\mid 0<x<1,0<y<2\}$ 上服从均匀分布，则 $D(X)=$____；$D(Y)=$____；$D(6X+3Y+1)=$____.

15. 设二维随机变量 (X,Y) 的概率密度为 $f(x,y)=\begin{cases}Ae^{-2x-3y}, & x>0,y>0\\ 0, & 其它.\end{cases}$

则 $D(2X+3Y+1)=$________.

16. 若二维正态分布 $(X,Y)\sim N(1,2,4,9,0)$，则 $D(X)=$____；$D(Y)=$____；$D(X-Y)=$______.

17. 将一枚硬币重复掷 n 次，以 X 和 Y 分别表示正面向上和反面向上的次数，则 X 与 Y 的相关系数是____.

18. 已知随机变量 $X\sim N(1,9)$，$Y\sim N(0,16)$，$\rho_{XY}=-\frac{1}{2}$，设 $Z=\frac{1}{3}X+\frac{1}{2}Y$，则 $E(Z)=$________，$D(Z)=$________.

(二) 选择题

1. 若随机变量 X 服从 $\pi(0.4)$，则 $E(7-5X)=$____.

A. 9　　B. -9　　C. 5　　D. -5

2. 设二维随机变量 (X,Y) 的联合分布律为

X \ Y	-1	2
-1	$\frac{1}{4}$	$\frac{1}{2}$
1	0	$\frac{1}{4}$

则 $E(XY)=$____.

A. $-\frac{3}{4}$　　B. $-\frac{1}{2}$　　C. $-\frac{1}{4}$　　D. $\frac{3}{4}$

3. 已知随机变量 $X\sim b(n,p)$，且 $E(X)=2.4$，$D(X)=1.44$，则二项分布的参数 n，p 的值为____.

A. 4，0.6　　B. 6，0.4　　C. 10，0.24　　D. 100，0.24

4. 设随机变量 $X\sim\pi(\lambda)$，且 $E[(X-1)(X-2)]=1$，则参数 λ 为____.

A. 1　　B. -1　　C. ±1　　D. 0

5. 设两个相互独立的随机变量 X 与 Y 的方差分别为 4 和 2，则随机变量 $3X-2Y$ 的方差为______.

A. 8　　B. 20　　C. 28　　D. 44

6. 设随机变量 X 与 Y 独立且 $X \sim N(0,1)$，$Y \sim N(1,1)$，则下列等式成立的是____.

A. $P\{X+Y \leqslant 0\}=\frac{1}{2}$　　B. $P\{X+Y \leqslant 1\}=\frac{1}{2}$

C. $P\{X-Y \leqslant 0\}=\frac{1}{2}$　　D. $P\{X-Y \leqslant 1\}=\frac{1}{2}$

7. 设二维随机变量 (X,Y) 满足 $E(XY)=E(X)E(Y)$，则下列说法正确的是____.

A. $D(XY)=D(X)D(Y)$　　B. $D(X+Y)=D(X-Y)$

C. X 与 Y 独立　　D. X 与 Y 不独立

8. 已知随机变量 X 与 Y 的相关系数为 ρ，则 $X_1=2X+1$ 与 $Y_1=2Y+1$ 的相关系数为____.

A. ρ　　B. $-\rho$　　C. 0　　D. 1

9. 已知 $D(X)=4$，$D(Y)=9$，$\rho_{XY}=0.6$，则 $D(3X-2Y)=$________.

A. 28.8　　B. 72　　C. 115.2　　D. 64.8

10. 已知随机变量 X，Y 有如下关系：$Y+2X-1=0$，则 X 与 Y 的相关系数 $\rho_{XY}=$________.

A. 0　　B. 1　　C. -1　　D. 2

（三）综合题

1. 设随机变量 X 的分布函数为 $F(x)=\begin{cases}0, & x<-1, \\ 0.4, & -1 \leqslant x<1, \\ 0.8, & 1 \leqslant x<3, \\ 1, & x \geqslant 3.\end{cases}$ 求 $E(X)$，$D(X)$.

2. 已知随机变量 X 的概率密度为 $f(x)=\begin{cases}Ax, & 0<x<1, \\ 0, & \text{其它}.\end{cases}$ 求：(1) 常数 A；(2) $E(X)$，$E(3X+1)$；(3) $D(X)$；(4) $E(4X^2+1)$.

3. 已知随机变量 X 与 Y 的联合分布律为

Y \ X	0	1
1	$\frac{1}{8}$	$\frac{1}{4}$
2	$\frac{1}{8}$	$\frac{1}{2}$

求（1）$E(X)$，$E(Y)$；（2）$D(X)$，$D(Y)$；（3）$E(4X+8Y+1)$．

4. 设二维连续型随机变量 (X,Y) 的概率密度为

$$f(x,y)=\begin{cases}\frac{3}{2}x^2y, & 0<x<1,0<y<2,\\ 0, & \text{其它}.\end{cases}$$

求（1）$E(X)$，$E(Y)$；（2）$E(XY)$；（3）$D(X)$，$D(Y)$；（4）$D(2X-3Y+1)$．

（**提示**：可以先求边缘概率密度，然后判断随机变量 X 与 Y 是否独立.）

5. 设 $X\sim N(1,4)$，$Y\sim N(2,9)$，且 X 与 Y 独立，$Z=2X+3Y+1$，求 Z 的概率密度．

6. 设有十只同种电器元件，其中有两只废品．装配仪器时，从这批元件中任取一只，如是废品，则扔掉，重新任取一只，如仍是废品，则扔掉再取一只．试求取得正品之前，已取出废品只数的概率分布、期望和方差．

7. 设随机变量的 X 概率密度为 $f(x)=\frac{1}{2}\mathrm{e}^{-|x|}$，$-\infty<x<+\infty$，求 X 的数学期望和方差．

8. 已知随机变量 X 的概率密度为 $f(x)=\begin{cases}ax, & 0<x<2,\\ cx+b, & 2\leqslant x\leqslant 4,\\ 0, & \text{其它}.\end{cases}$ 且 $E(X)=2$，$P(1<X<3)=\frac{3}{4}$，求（1）a，b，c 的值；（2）$E(\mathrm{e}^X)$．

9. 已知随机变量 X，Y 的方差分别为 25 和 36，相关系数为 0.4，求：$U=3X+2Y$ 与 $V=X-3Y$ 的方差及协方差．

10. 一工厂生产的某种设备的寿命 X（以年计）服从指数分布，概率密度为

$$f(x)=\begin{cases}\frac{1}{4}\mathrm{e}^{-\frac{x}{4}}, & x>0,\\ 0, & x\leqslant 0.\end{cases}$$

工厂规定，出售的设备售出一年之内损坏可予以调换．若工厂售出一台设备赢利 100 元，调换一台设备厂方需花费 300 元．试求厂方出售一台设备净赢利的数学期望．

11*. 游客乘电梯从底层到电视塔顶层观光，电梯于每个整点的 10min、30min 和 50min 从底层起行。假设一游客在早 8 点的第 X min 到达底层候机处，且 X 在 $[0,60]$ 上均匀分布，求该游客等候时间的数学期望．

第四章综合练习参考答案

第五章 大数定律与中心极限定理

一、基本概念

(一) 大数定律

(1) **切比雪夫不等式**：设随机变量 X 具有数学期望 $E(X)$ 及方差 $D(X)$，则对任意 $\varepsilon>0$，有

$$P\{|X-E(X)|\geqslant\varepsilon\}\leqslant\frac{D(X)}{\varepsilon^2}\text{或}P\{|X-E(X)|<\varepsilon\}\geqslant1-\frac{D(X)}{\varepsilon^2}.$$

(2) **辛钦大数定理 (弱大数定理)**：设随机变量 $X_1, X_2, \cdots, X_n, \cdots$ 相互独立，服从同一分布，且具有相同的数学期望：$E(X_k)=\mu(k=1,2,\cdots)$. $Y_n=\frac{1}{n}\sum_{k=1}^{n}X_k$，则 $\forall\varepsilon>0$，有

$$\lim_{n\to\infty}P\{|Y_n-\mu|<\varepsilon\}=1.$$

称 Y_n **依概率收敛于它的期望值** $\boldsymbol{\mu}$，记为 $Y_n\xrightarrow{P}\mu$.

(3) **伯努利大数定理**：设 f_A 是 n 次独立重复试验中事件 A 发生的次数，$p(0<p<1)$ 是事件 A 在每次试验中发生的概率，则对于任意 $\varepsilon>0$，有

$$\lim_{n\to\infty}P\left\{\left|\frac{f_A}{n}-p\right|<\varepsilon\right\}=1\text{或}\lim_{n\to\infty}P\left\{\left|\frac{f_A}{n}-p\right|\geqslant\varepsilon\right\}=0.$$

(二) 中心极限定理

独立同分布的中心极限定理：设随机变量 $X_1, X_2, \cdots, X_n, \cdots$ 相互独立，且具有相同的数学期望和方差：$E(X_k)=\mu$，$D(X_k)=\sigma^2(k=1,2,\cdots)$，则对任意实数 x，有

$$\lim_{n\to\infty}P\left\{\frac{\sum_{k=1}^{n}X_k-n\mu}{\sqrt{n}\sigma}\leqslant x\right\}=\Phi(x)=\frac{1}{\sqrt{2\pi}}\int_{-\infty}^{x}\mathrm{e}^{-\frac{t^2}{2}}\mathrm{d}t.$$

即当 n 很大时，有

(1) $\sum_{k=1}^{n}X_k$ 近似服从正态分布 $N(n\mu,n\sigma^2)$；

(2) $\sum_{k=1}^{n}X_k$ 的标准化近似服从标准正态分布 $N(0,1)$；

(3) $\overline{X}$ 近似服从正态分布 $N\left(\mu,\frac{\sigma^2}{n}\right)$.

棣莫弗-拉普拉斯定理：设 $Y_n\sim b(n,p)$，则对任意实数 x，有

$$\lim_{n\to\infty}P\left\{\frac{Y_n-np}{\sqrt{np(1-p)}}\leqslant x\right\}=\Phi(x)=\int_{-\infty}^{x}\frac{1}{\sqrt{2\pi}}\mathrm{e}^{-\frac{t^2}{2}}\mathrm{d}t.$$

即有

(1) 若 $Y_n\sim b(n,p)$，则当 n 充分大时，Y_n 近似服从 $N(np,np(1-p))$；

(2) 正态分布是二项分布的极限分布．当 n 充分大时，可利用正态分布求二项分布的概率．

二、典型例题

【例 1】 设随机变量 $X_i(i=1,2,\cdots,100)$ 相互独立，且服从参数为 2 的泊松分布 $(\lambda=2)$，令 $Y=\sum_{i=1}^{100}X_i$，求 Y 取值大于 190 且小于 210 的概率．

解：因为 $X_i\sim\pi(2),i=1,2,\cdots,100$，$Y=\sum_{i=1}^{100}X_i$，

所以 $E(X_i)=D(X_i)=2$，$E(Y)=D(Y)=200$，

由独立同分布中心极限定理知，$Y=\sum_{i=1}^{100}X_i$ 近似的服从 $N(200,200)$，于是可近似计算得

$$P(190<Y<210)=P\left(\frac{190-200}{\sqrt{200}}<\frac{Y-200}{\sqrt{200}}<\frac{210-200}{\sqrt{200}}\right)$$

$$\approx\Phi\left(\frac{10}{\sqrt{200}}\right)-\Phi\left(-\frac{10}{\sqrt{200}}\right)=2\Phi\left(\frac{\sqrt{2}}{2}\right)-1\xlongequal{\text{查表}}0.5222.$$

【例 2】 一个复杂的系统由 n 个相互独立起作用的部件所组成．每个部件的可靠性（即部件正常工作的概率）为 0.9，为了使整个系统工作，至少要有 80% 的部件正常工作．求：(1) 当 $n=100$ 时，整个系统正常工作的概率；(2) 要使系统正

常工作的概率不低于 0.95，n 至少应为多大？

解：令

$$X_i=\begin{cases}1, & \text{第 } i \text{ 个部件正常工作；}\\ 0, & \text{第 } i \text{ 个部件不正常工作.}\end{cases}$$

则 $E(X_i)=0.9$，$D(X_i)=0.09$.

令 $Y=\sum_{i=1}^{n}X_i$，$n=1,2,\cdots$，则 $Y\sim b(n,0.9)$.

利用棣莫佛-拉普拉斯中心极限定理，直接近似计算.

(1) 当 $n=100$ 时，$Y\sim b(100,0.9)$. 由中心极限定理，所求概率为

$$P(Y\geqslant 80)=P\left(\frac{Y-100\times 0.9}{\sqrt{100\times 0.9\times 0.1}}\geqslant\frac{80-100\times 0.9}{\sqrt{100\times 0.9\times 0.1}}\right)\approx 1-\Phi\left(-\frac{10}{3}\right)=0.9995.$$

(2) 要使系统正常工作的概率不低于 0.95，所求的 n 应满足 $P(0.8n\leqslant Y\leqslant n)\geqslant 0.95$，而

$$P(0.8n\leqslant Y\leqslant n)=P\left(\frac{0.8n-0.9n}{\sqrt{n\times 0.9\times 0.1}}\leqslant\frac{Y-0.9n}{\sqrt{n\times 0.9\times 0.1}}\leqslant\frac{n-0.9n}{\sqrt{n\times 0.9\times 0.1}}\right)$$

$$=\Phi\left(\frac{0.1n}{0.3\sqrt{n}}\right)-\Phi\left(-\frac{0.1n}{0.3\sqrt{n}}\right)=2\Phi\left(\frac{\sqrt{n}}{3}\right)-1.$$

要使 $2\Phi\left(\frac{\sqrt{n}}{3}\right)-1\geqslant 0.95$，应有 $\Phi\left(\frac{\sqrt{n}}{3}\right)\geqslant 0.975$，因 $\Phi(x)$ 是 x 的增函数，查表得 $\frac{\sqrt{n}}{3}\geqslant 1.96\Rightarrow n\geqslant 34.5744$，故 n 至少应为 35，才能使整个系统正常工作的概率不低于 0.95.

【例 3】 保险公司里有 3000 个同一年龄的人参加人寿保险，在一年里，这批人的死亡率为 0.1%，参加保险的人在一年的头一天交付保险费 100 元，死亡时，家属可以从保险公司领取 20000 元。求：

(1) 保险公司一年中获利不小于 100000 元的概率；(2) 保险公司亏本的概率.

解：设一年中死亡人数为 X 人，则 $X\sim b(3000,0.001)$，由棣莫佛-拉普拉斯中心极限定理，X 近似的服从 $N(3,2.997)$. 而保险公司每年收入 $3000\times 100=300000$，付出 $20000X$.

(1) 保险公司一年中获利不小于 100000 元的概率为

$$P=P\{300000-20000X\geqslant 100000\}=P\{0\leqslant X\leqslant 10\}$$

$$\approx P\left\{\frac{-3}{\sqrt{2.997}}\leqslant\frac{X-3}{\sqrt{2.997}}\leqslant\frac{10-3}{\sqrt{2.997}}\right\}=P\left\{-1.733\leqslant\frac{X-3}{1.731}\leqslant 4.044\right\}$$

$$=\Phi(4.044)-\Phi(-1.733)=\Phi(1.733)=0.9585.$$

(2) 保险公司亏本的概率为

$$P=P\{20000X>300000\}=\{X>15\}$$
$$=1-P\{0\leqslant X\leqslant 15\}=1-P\left\{-1.733\leqslant\frac{X-3}{1.731}\leqslant 6.932\right\}$$
$$\approx 1-[\Phi(6.932)-\Phi(-1.733)]=1-\Phi(1.733)=0.0415.$$

三、综合练习

1. 一加法器同时收到 20 个噪声电压 $U_k(k=1,2,\cdots,20)$，它们是相互独立的随机变量，且都在区间（0，10）上服从均匀分布．记 $U=\sum\limits_{k=1}^{20}U_k$．求 $P(U>105)$ 的近似值．

2. 设各零件的重量都是随机变量，它们相互独立，且服从相同的分布，其数学期望为 0.5kg，均方差为 0.1kg，则 5000 个零件的总重量超过 2510kg 的概率是多少？

3. 一船舶在某海区航行，已知每遭受一次波浪的冲击，纵摇角大于 3°的概率为 $p=1/3$，若船舶遭受了 90000 次波浪冲击，问其中有 29500～30500 次纵摇角大于 3°的概率是多少？

4. 对于一个学生而言，来参加家长会的家长人数是一个随机变量，设一个学生无家长、1 名家长、2 名家长来参加会议的概率分别为 0.05、0.8、0.15. 若学校共有 400 名学生，设各学生参加会议的家长人数相互独立，且服从同一分布．(1) 求参加会议的家长人数 X 超过 450 的概率；(2) 求有 1 名家长来参加会议的学生人数不多于 340 的概率．

5. 某保险公司经营多年的资料统计表明，在索赔户中被盗索赔户占 20%，在随意调查的 100 家索赔户中被盗索赔户数为随机变量 X. (1) 写出 X 的概率分布；(2) 利用中心极限定理，求被盗的索赔户数不少于 14 户且不多于 30 户的概率近似值．

第五章综合练习参考答案

第六章　样本及抽样分布

一、基本概念

（一）随机样本

总体：研究对象的某一项数量指标的值的全体叫作总体，组成总体的单个元素称为个体．单个元素有限的总体称为有限总体．单个元素无限的总体称为无限总体．

样本：从总体 X 中抽取 n 个个体 X_1，X_2，…，X_n，如果 X_1，X_2，…，X_n 相互独立，且均与 X 同分布，则称（X_1，X_2，…，X_n）为来自总体 X 的一个简单随机样本，简称样本．n 称为样本容量．样本（X_1，X_2，…，X_n）的观察值（x_1，x_2，…，x_n）叫作样本值．

样本的分布：设总体 X 的分布函数为 $F(x)$，则样本（X_1，X_2，…，X_n）的分布函数为

$$F(x_1,x_2,\cdots,x_n)=\prod_{i=1}^{n}F(x_i).$$

当总体 X 为离散型，且概率分布为 $P(X=x_i)=p_i$，则（X_1，X_2，…，X_n）的分布律为

$$P(X_1=x_1,X_2=x_2,\cdots,X_n=x_n)=\prod_{i=1}^{n}P(X_i=x_i)=\prod_{i=1}^{n}p_i.$$

当总体 X 为连续型，且概率密度为 $f(x)$，则（X_1，X_2，…，X_n）的概率密度为

$$f(x_1,x_2,\cdots,x_n)=\prod_{i=1}^{n}f(x_i).$$

（二）抽样分布

统计量：设（$X_1,X_2,\cdots,X_n$）为来自总体 X 的样本，$g(X_1,X_2,\cdots,X_n)$ 是 X_1，X_2，…，X_n 的函数，且 g 中不含任何未知参数，则称 $g(X_1,X_2,\cdots,X_n)$ 为**统计量**．统计量的分布称为**抽样分布**．

常用统计量如下．

样本均值：$\overline{X}=\dfrac{1}{n}\sum\limits_{i=1}^{n}X_i$.

样本方差：$S^2=\dfrac{1}{n-1}\sum\limits_{i=1}^{n}(X_i-\overline{X})^2$.

样本标准差：$S=\sqrt{\dfrac{1}{n-1}\sum\limits_{i=1}^{n}(X_i-\overline{X})^2}$.

样本 k 阶矩（原点矩）：$A_k=\dfrac{1}{n}\sum\limits_{i=1}^{n}X_i^k$，$k=1$，2，….

样本 k 阶中心矩：$B_k=\dfrac{1}{n}\sum\limits_{i=1}^{n}(X_i-\overline{X})^k,k=1,2,\cdots$.

来自正态总体的常用统计量的分布如下.

（1）**χ^2 分布（卡方分布）**：设 X_1，X_2，…，X_n 相互独立，且均服从标准正态分布 $N(0,1)$，则 $\chi^2=\sum\limits_{i=1}^{n}X_i^2$ 称为服从自由度为 n 的 χ^2 分布，记为 $\chi^2\sim\chi^2(n)$．

$\chi^2(n)$ 分布的概率密度为

$$f(y)=\begin{cases}\dfrac{1}{2^{n/2}\Gamma(n/2)}y^{n/2-1}\mathrm{e}^{-y/2},y>0,\\0, \qquad\qquad\qquad\qquad\qquad 其它.\end{cases}$$

$f(y)$ 的图形如图 6-1 所示．

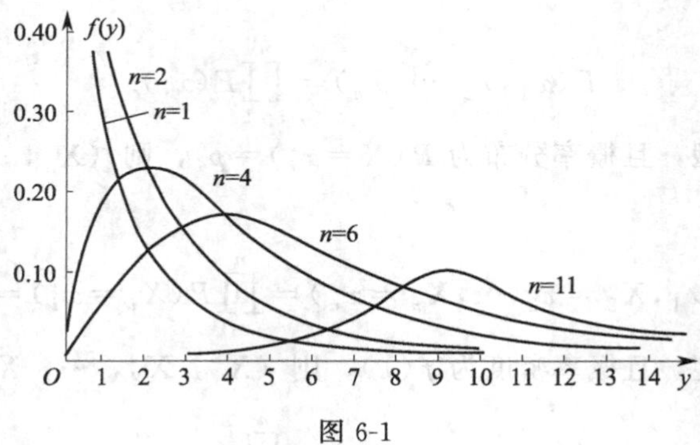

图 6-1

性质:

① 若 $X \sim \chi^2(n), Y \sim \chi^2(m)$，且 X 与 Y 独立，则 $X+Y \sim \chi^2(m+n)$（可加性）.

② 若 $X \sim \chi^2(n)$，则 $E(X)=n, D(X)=2n$.

(2) ***t* 分布：**设随机变量 $X \sim N(0,1), Y \sim \chi^2(n)$，且 X 与 Y 相互独立，则 $t=\dfrac{X}{\sqrt{Y/n}}$称为服从自由度为 n 的 t 分布，记为 $t \sim t(n)$．t 分布又称**学生氏分布**.

$t(n)$ 分布的概率密度为

$$h(t)=\frac{\Gamma[(n+1)/2]}{\sqrt{\pi n}\,\Gamma(n/2)}\left(1+\frac{t^2}{n}\right)^{-(n+1)/2}, -\infty<t<\infty.$$

$h(t)$的图形如图 6-2 所示.

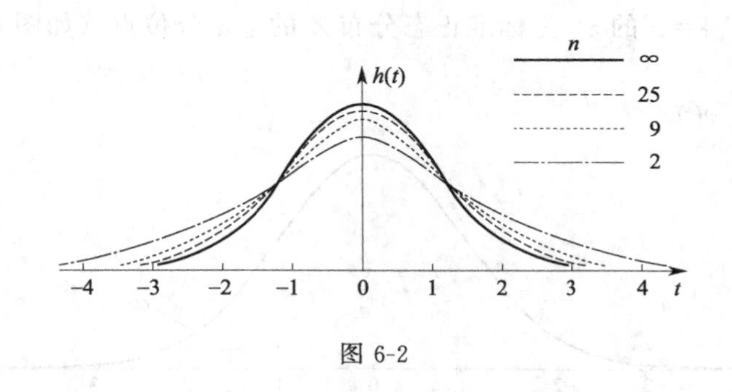

图 6-2

性质:

① 概率密度曲线关于纵轴对称，且当 n 充分大时（$n \geqslant 45$），$t(n)$ 分布可用 $N(0,1)$ 分布近似.

② 若 $t \sim t(n)$，则 $t^2 \sim F(1, n)$.

(3) ***F* 分布：**设 $X \sim \chi^2(n_1), Y \sim \chi^2(n_2)$，且 X 与 Y 相互独立，则 $F=\dfrac{X/n_1}{Y/n_2}$ 称为服从自由度为（n_1，n_2）的 F 分布，记为 $F \sim F(n_1, n_2)$，n_1，n_2 分别为分子、分母的自由度.

$F(n_1, n_2)$分布的概率密度为

$$\psi(y)=\begin{cases}\dfrac{\Gamma[(n_1+n_2)/2](n_1/n_2)^{n_1/2}y^{(n_1/2)-1}}{\Gamma(n_1/2)\Gamma(n_2/2)[1+(n_1y/n_2)]^{(n_1+n_2)/2}}, & y>0,\\ 0, & \text{其它}.\end{cases}$$

$\psi(y)$ 的图形如图 6-3 所示.

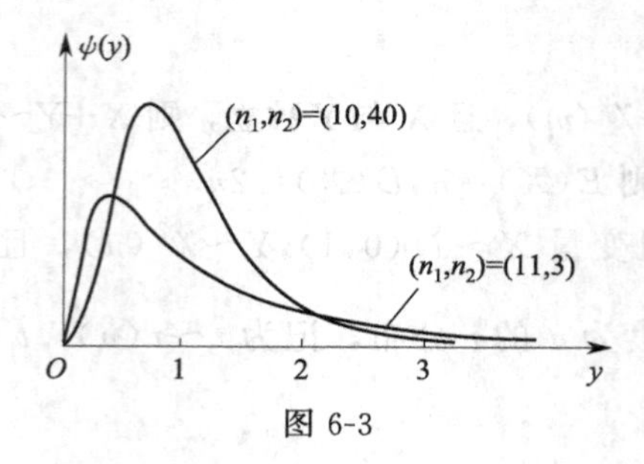

图 6-3

性质：若 $F\sim F(m,n)$，则 $\frac{1}{F}\sim F(n,\ m)$.

上 α 分位点：

① 标准正态分布的上 α 分位点：设 $Z\sim N(0,1)$，对给定的 α，$0<\alpha<1$，称满足条件 $P\{Z>z_\alpha\}=\alpha$ 的 z_α 为标准正态分布 Z 的上 α 分位点（如图 6-4 所示）.

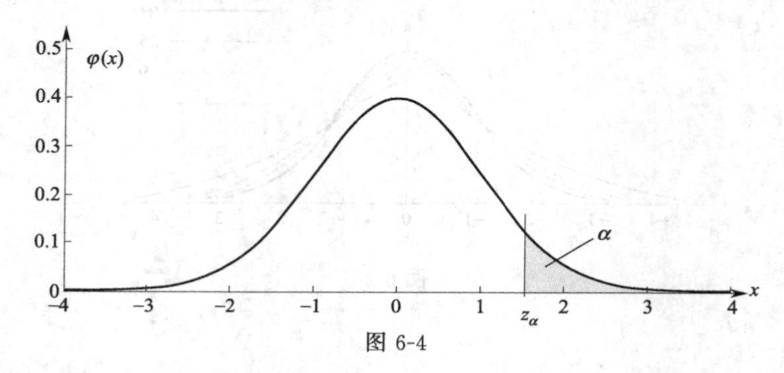

图 6-4

② χ^2 分布的上 α 分位点：对给定的 α，$0<\alpha<1$，称满足条件 $P\{\chi^2>\chi^2_\alpha(n)\}=\alpha$ 的 $\chi^2_\alpha(n)$ 为 $\chi^2(n)$ 分布的上 α 分位点（如图 6-5 所示）.

③ t 分布的上 α 分位点：对给定的 α，$0<\alpha<1$，称满足条件 $P\{t>t_\alpha(n)\}=\alpha$ 的 $t_\alpha(n)$ 为 $t(n)$ 分布的上 α 分位点（如图 6-6 所示），且 $t_{1-\alpha}(n)=-t_\alpha(n)$.

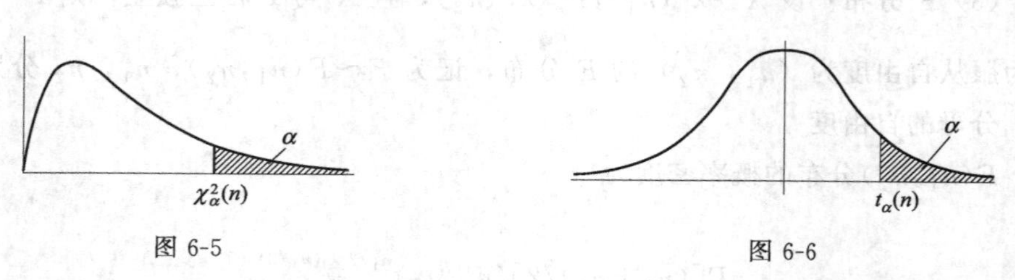

图 6-5

图 6-6

④ F 分布的上 α 分位点：对给定的 α，$0<\alpha<1$，称满足条件 $P\{F>F_\alpha(m,n)\}=\alpha$ 的 $F_\alpha(m,n)$ 为 $F(m,n)$ 分布的上 α 分位点（如图 6-7 所示），且 $F_{1-\alpha}(m,n)=\frac{1}{F_\alpha(n,m)}$.

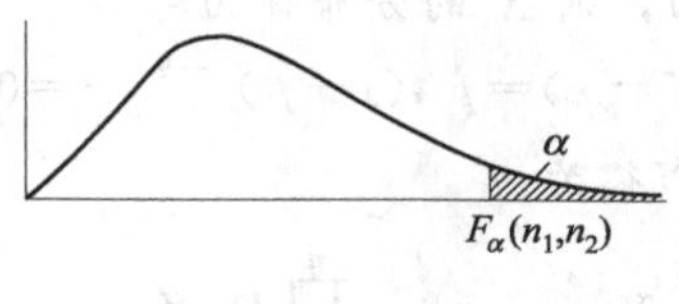

图 6-7

正态总体的样本均值的分布：设总体 $X\sim N(\mu,\sigma^2)$，$X_1,X_2,\cdots,X_n$ 为来自总体 X 的样本，则 $E(\overline{X})=\mu$，$D(\overline{X})=\frac{1}{n}\sigma^2$，且 $\overline{X}\sim N(\mu,\ \frac{1}{n}\sigma^2)$.

推论：若总体 $X\sim N(\mu,\sigma^2)$，则 $\frac{\overline{X}-\mu}{\sigma/\sqrt{n}}\sim N(0,1)$.

正态总体的样本方差的分布：设总体 $X\sim N(\mu,\sigma^2)$，$X_1,X_2,\cdots,X_n$ 为来自总体 X 的样本，则

$$\frac{(n-1)S^2}{\sigma^2}\sim\chi^2(n-1).$$

正态总体的样本均值与样本方差关系的分布：设总体 $X\sim N(\mu,\sigma^2)$，X_1，$X_2,\cdots,X_n$ 为来自总体 X 的样本，则 $\overline{X}$ 与 S^2 相互独立，且 $\frac{\overline{X}-\mu}{S/\sqrt{n}}\sim t(n-1)$.

两正态总体的样本均值差和方差比的分布：设总体 X 与 Y 相互独立，$X\sim N(\mu_1,\sigma_1^2)$，$Y\sim N(\mu_2,\sigma_2^2)$，$X_1,X_2,\cdots,X_{n_1}$ 和 $Y_1,Y_2,\cdots,Y_{n_2}$ 分别来自总体 X 和 Y 的容量分别为 n_1 和 n_2 的样本，样本均值与样本方差分别记为 $\overline{X}$，S_1^2 和 $\overline{Y}$，S_2^2，则有：

(1) $\dfrac{\overline{X}-\overline{Y}-(\mu_1-\mu_2)}{\sqrt{\dfrac{\sigma_1^2}{n_1}+\dfrac{\sigma_2^2}{n_2}}}\sim N(0,\ 1)$；

(2) $\dfrac{S_1^2/\sigma_1^2}{S_2^2/\sigma_2^2}\sim F(n_1-1,n_2-1)$；

(3) 如果有 $\sigma_1^2=\sigma_2^2$，则

$$\frac{\overline{X}-\overline{Y}-(\mu_1-\mu_2)}{\sqrt{\dfrac{(n_1-1)S_1^2+(n_2-1)S_2^2}{n_1+n_2-2}\left(\dfrac{1}{n_1}+\dfrac{1}{n_2}\right)}}\sim t(n_1+n_2-2).$$

二、典型例题

【例 1】 设总体 $X\sim b(1,p)$，$X_1,X_2,\cdots,X_n$ 是来自 X 的一个样本，求 $(X_1,X_2,\cdots,X_n)$ 的分布律 .

解：若总体 $X \sim b(1,p)$，则 X 的分布律为

$$P(X=x)=p^x(1-p)^{1-x}, x=0,1.$$

$(X_1, X_2, \cdots, X_n)$ 的分布律为

$$P\{X_1=x_1, X_2=x_2, \cdots, X_n=x_n\}=\prod_{i=1}^{n} P\{X_i=x_i\}=\prod_{i=1}^{n} p^{x_i}(1-p)^{1-x_i}.$$

【例 2】 设 $X_1, X_2, \cdots, X_9$ 是来自于总体 $X \sim N(0,3^2)$ 的一个样本，求样本 $(X_1, X_2, \cdots, X_9)$ 的概率密度.

解：若总体 $X \sim N(0,3^2)$，则 X 的概率密度为

$$f(x)=\frac{1}{3\sqrt{2\pi}} e^{-\frac{x^2}{18}}.$$

样本 $(X_1, X_2, \cdots, X_9)$ 的概率密度为

$$f(x_1, x_2, \cdots, x_n)=\prod_{i=1}^{n} f(x_i)=\prod_{i=1}^{9} \frac{1}{3\sqrt{2\pi}} e^{-\frac{x_i^2}{18}}.$$

【例 3】 设总体 $X \sim N(\mu, \sigma^2)$，$X_1, X_2, \cdots, X_n$ 是来自总体的一组简单随机样本，样本均值、样本方差分别记为 $\overline{X}$，S^2.

(1) 设 $n=25$，求 $P(\mu-0.2\sigma<\overline{X}<\mu+0.2\sigma)$；

(2) 要使 $P(|\overline{X}-\mu|>0.1\sigma) \leqslant 0.05$，$n$ 至少应是多少？

(3) 设 $n=10$，求使 $P(\mu-\lambda S<\overline{X}<\mu+\lambda S)=0.9$ 的 λ；

(4) 设 $n=10$，求使 $P(S^2<\lambda\sigma^2)=0.95$ 的 λ.

解：(1) 由于 $\overline{X} \sim N\left(\mu, \frac{\sigma^2}{n}\right)$，所以 $\frac{\overline{X}-\mu}{\sigma/\sqrt{n}} \sim N(0,1)$，于是

$$P(\mu-0.2\sigma<\overline{X}<\mu+0.2\sigma)=P\left(-0.2\sqrt{n}<\frac{\overline{X}-\mu}{\sigma/\sqrt{n}}<0.2\sqrt{n}\right)$$

$$=2\Phi(1)-1=0.6826.$$

(2) $P(|\overline{X}-\mu|>0.1\sigma)=P\left(\left|\frac{\overline{X}-\mu}{\sigma/\sqrt{n}}\right|>0.1\sqrt{n}\right)=2-2\Phi(0.1\sqrt{n}) \leqslant 0.05.$

所以 $\Phi(0.1\sqrt{n}) \geqslant 0.975$，反查表知道，应有 $0.1\sqrt{n} \geqslant 1.96$ 即 $n \geqslant 384.16$，所以 n 至少应是 385.

(3) 已知 $\frac{\overline{X}-\mu}{S/\sqrt{n}} \sim t(n-1)$，所以

$$P(\mu-\lambda S<\overline{X}<\mu+\lambda S)=P\left(-\lambda\sqrt{n}<\frac{\overline{X}-\mu}{S/\sqrt{n}}<\lambda\sqrt{n}\right)=1-2P\left(\frac{\overline{X}-\mu}{S/\sqrt{n}}>\lambda\sqrt{n}\right).$$

要使 $P(\mu-\lambda S<\overline{X}<\mu+\lambda S)=0.9$，则 $P\left(\dfrac{\overline{X}-\mu}{S/\sqrt{n}}>\lambda\sqrt{n}\right)=0.05$，反查自由度为 $n-1=9$ 的 t 分布表，得 $\lambda\sqrt{10}=1.8331$，于是 $\lambda=0.58$.

(4) 由于 $\dfrac{(n-1)S^2}{\sigma^2}\sim\chi^2(n-1)$，于是 $P(S^2<\lambda\sigma^2)=P\left(\dfrac{9S^2}{\sigma^2}<9\lambda\right)=0.95$，反查自由度为 $n-1=9$ 的 χ^2 分布表，得 $9\lambda=16.919$，所以 $\lambda=1.879$.

【例 4】 若随机变量 $X\sim N(0,1)$,$Y\sim N(0,1)$,$Z\sim\chi^2(5)$,$U\sim\chi^2(10)$ 且相互独立，则 $X^2+Y^2\sim$______，$Z+U\sim$______,$E(Z)=$______，$D(Z)=$______.

解： 由于随机变量 $X\sim N(0,1)$，$Y\sim N(0,1)$，且相互独立，根据 χ^2 分布的定义，可知 $X^2+Y^2\sim\chi^2(2)$.

因为 $Z\sim\chi^2(5)$，$U\sim\chi^2(10)$，且相互独立，根据 χ^2 分布的性质，可知 $Z+U\sim\chi^2(15)$，$E(Z)=5$，$D(Z)=10$.

【例 5】 设 X_1，X_2，X_3，X_4 是来自总体 $N(0,\ 2^2)$ 的简单随机样本，

$$Y=a(X_1-2X_2)^2+b(3X_3-4X_4)^2,$$

若统计量 Y 服从 χ^2 分布，则常数 a，b 分别为多少？统计量 Y 的自由度为多少？

解： 已知 X_1，X_2，X_3，X_4 相互独立，且均服从 $N(0,\ 2^2)$ 分布，则

$$X_1-2X_2\sim N(0,20),3X_3-4X_4\sim N(0,100),$$

$$\frac{X_1-2X_2}{\sqrt{20}}\sim N(0,1),\frac{3X_3-4X_4}{10}\sim N(0,1).$$

由 χ^2 分布的定义，$\left(\dfrac{X_1-2X_2}{\sqrt{20}}\right)^2+\left(\dfrac{3X_3-4X_4}{10}\right)^2\sim\chi^2(2)$，得 $a=\dfrac{1}{20}$，$b=\dfrac{1}{100}$，统计量 Y 的自由度为 2.

【例 6】 设随机变量 $X\sim t(n)(n>1)$，则 $Y=\dfrac{1}{X^2}$ 服从什么分布？

解： 因为 $X\sim t(n)(n>1)$，设 $X=\dfrac{U}{\sqrt{V/n}}$，其中 $U\sim N(0,1)$,$V\sim\chi^2(n)$，且 U，V 相互独立.

$Y=\dfrac{1}{X^2}=\dfrac{V/n}{U^2}$，这里 $U^2\sim\chi^2(1)$，$V\sim\chi^2(n)$．由 F 分布的定义，得

$$Y=\frac{1}{X^2}=\frac{V/n}{U^2}\sim F(n,\ 1).$$

【例 7】 设 X_1，X_2，…，X_{10} 是来自总体 $X\sim N(\mu,4^2)$ 的简单随机样本，已知 $P(S^2>\alpha)=0.1$，则 α 为多少？

解： 由于 $\dfrac{(n-1)S^2}{\sigma^2}\sim\chi^2(n-1)$,$\sigma^2=16$,$n=10$，所以

$$\frac{9S^2}{16}\sim\chi^2(9), P(S^2>a)=P\left(\frac{9S^2}{16}>\frac{9a}{16}\right)=0.1.$$

所以$\frac{9a}{16}=\chi^2_{0.1}(9)$，查表得 $\frac{9a}{16}=14.684$，$a=26.1049$.

【例 8】 设 X_1，X_2，…，X_{36} 是来自总体 $X\sim N(52,6.3^2)$ 的简单随机样本，求 $\overline{X}$ 落在 50.8 到 53.8 之间的概率.

解： 由于 $X\sim N(52, 6.3^2)$，$\overline{X}\sim N\left(52, \frac{6.3^2}{36}\right)$. 而

$$P(50.8<\overline{X}<53.8)=\Phi\left(\frac{53.8-52}{6.3/6}\right)-\Phi\left(\frac{50.8-52}{6.3/6}\right)$$
$$=0.9564-1+0.8729=0.8293.$$

三、综合练习

(一) 填空题

1. 设统计量 $\chi_1^2\sim\chi^2(4)$，$\chi_2^2\sim\chi^2(7)$，且 χ_1^2 与 χ_2^2 相互独立，则 $\chi_1^2+\chi_2^2\sim$_____，$E(\chi_1^2+\chi_2^2)=$________，$D(\chi_1^2+\chi_2^2)=$________.

2. 设 X_1，X_2，…，X_{10} 是来自正态总体 $N(-4,25)$ 的样本，则 $\frac{1}{25}\sum_{i=1}^{10}(X_i+4)^2\sim$______.

3. 设 X_1，X_2，…，X_{10} 是来自正态总体 $N(-4, 25)$ 的样本，则 $\frac{2(X_1+4)}{\sqrt{\sum_{i=2}^{5}(X_i+4)^2}}\sim$______.

4. 设随机变量 $X\sim t(30)$，则 $X^2\sim$______.

5. 设总体 $X\sim N(70,12^2)$，$X_1,X_2,\cdots,X_{12}$ 为来自总体的样本，则样本均值 $\overline{X}\sim$________.

6. 设随机变量 $X\sim N(0,1)$，对于给定的 $\alpha\in(0,1)$，定义 Z_α 为 $P(X>Z_\alpha)=\alpha$，则 $P(|X|<Z_\alpha)=$________.

7. 设 X_1，X_2，…，X_n 是来自于总体 $X\sim U(0,1)$ 的一个样本，则样本 $(X_1, X_2, \cdots, X_n)$ 的概率密度为________.

8. 设总体 X 服从指数分布，概率密度为

$$f(x)=\begin{cases}3e^{-3x}, & x>0,\\ 0, & \text{其它}.\end{cases}$$

X_1，X_2，…，X_{10} 是来自于总体的一个样本，则样本 $(X_1,X_2,\cdots,X_{10})$ 的概率密度为________.

9. 设总体 $X \sim \pi(3)$，$X_1, X_2, \cdots, X_n$ 是来自 X 的一个样本，则（$X_1, X_2, \cdots, X_n$）的分布律为____________.

10. 设总体 $X \sim b(n, p)$，$X_1, X_2, \cdots, X_m$ 是来自 X 的一个样本，则（$X_1, X_2, \cdots, X_m$）的分布律为____________.

（二）选择题

1. 设 $X_1, X_2, \cdots, X_n$ 是来自于总体 $X \sim b(1, p)$ 的样本，则 $\sum_{i=1}^{n} X_i$ 服从______.

A. $N(np, np(1-p))$　　B. $b(n, np)$　　C. $b(n, p)$　　D. $b(n, p^n)$

2. 设 $X_1, X_2, \cdots, X_n$ 是来自于总体 X 的样本，已知 $E(X)=\mu$，$D(X)=\sigma^2$，$\overline{X}=\frac{1}{n}\sum_{k=1}^{n} X_k$ 为样本均值，则 $E(\overline{X})$ 和 $D(\overline{X})$ 分别等于______.

A. $\mu; \sigma^2$　　B. $\mu; \frac{1}{n}\sigma^2$　　C. $\frac{1}{n}\mu; \frac{1}{n^2}\sigma^2$　　D. $\mu; \frac{1}{n^2}\sigma^2$

3. 设 $X_1, X_2, \cdots, X_n$ 是来自于总体 $X \sim b(n, p)$ 的样本，$\overline{X}$ 为样本均值，则 $E(\overline{X})$ 和 $D(\overline{X})$ 分别等于______.

A. np；$p(1-p)$　　B. np；$\frac{1}{n}p(1-p)$

C. np；$\frac{1}{n^2}p(1-p)$　　D. p；$p(1-p)$

4. 设 $X_1, X_2, \cdots, X_n$ 是来自于总体 $X \sim N(\mu, \sigma^2)$ 的样本，则______.

A. $\overline{X} \sim N(\mu, \sigma^2)$　　B. $\overline{X} \sim N\left(\mu, \frac{\sigma^2}{n}\right)$

C. $\overline{X} \sim N\left(\frac{\mu}{n}, \frac{\sigma^2}{n}\right)$　　D. $\overline{X} \sim N\left(\mu, \frac{\sigma^2}{n^2}\right)$

5. 设总体 $X \sim \pi(\lambda)$，$X_1, X_2, \cdots, X_n$ 是来自于总体 X 的样本，$x_1, x_2, \cdots, x_n$ 为样本观察值，则（$X_1, X_2, \cdots, X_n$）的分布律为______.

A. $P\{X_1=x_1, X_2=x_2, \cdots, X_n=x_n\}=\dfrac{\lambda^{\sum_{k=1}^{n} x_k} e^{-n\lambda}}{\prod_{k=1}^{n}(x_k)!}$

B. $P\{X_1=x_1, X_2=x_2, \cdots, X_n=x_n\}=\dfrac{\lambda^{\sum_{k=1}^{n} x_k} e^{-n\lambda}}{\prod_{k=1}^{n} k!}$

C. $P\{X_1=x_1,X_2=x_2,\cdots,X_n=x_n\}=\dfrac{\lambda^{\prod\limits_{k=1}^{n}x_k}\mathrm{e}^{-n\lambda}}{\prod\limits_{k=1}^{n}k!}$

D. $P\{X_1=x_1,X_2=x_2,\cdots,X_n=x_n\}=\dfrac{\lambda^{\sum\limits_{k=1}^{n}x_k}\mathrm{e}^{-n\lambda}}{\prod\limits_{k=1}^{n}x_k}$

6. 设 X_1，X_2，…，X_n 是来自于总体 $X\sim N(\mu,\sigma^2)$ 的样本，S^2 为样本方差，则 $E(S^2)=$______.

A. $n\sigma^2$　　B. σ　　C. $\dfrac{\sigma^2}{n}$　　D. σ^2

7. 设 X_1，X_2，…，X_{20} 是来自于总体 $X\sim N(0,1)$的样本，下列选项不正确的是______.

A. $X_1^2+X_2^2+\cdots+X_6^2\sim\chi^2(6)$　　B. $X_1^2\sim\chi^2(1)$

C. $\dfrac{1}{2}(X_1+X_2)^2+\dfrac{1}{3}(X_3+X_4+X_5)^2\sim\chi^2(2)$　D. $\dfrac{1}{5}(X_1+\cdots+X_5)^2\sim\chi^2(5)$

8. 设 X_1，X_2，…，X_{10} 是来自于总体 $X\sim N(0,0.3^2)$的一个样本，若统计量 $\dfrac{CX_1}{\sqrt{X_2^2+\cdots+X_{10}^2}}\sim t(9)$，则 $C=$______.

A. 1　　B. $\dfrac{1}{3}$　　C. 3　　D. 20

9. 设随机变量 ξ 和 η 相互独立且都服从 $N(0,\ 3^2)$ 分布，且 $(\xi_1,\ \xi_2,\ \cdots,\ \xi_9)$ 和 $(\eta_1,\ \eta_2,\ \cdots,\ \eta_9)$ 分别来自总体 ξ 和 η 的样本，统计量 $U=\dfrac{\xi_1+\xi_2+\cdots+\xi_9}{\sqrt{\eta_1^2+\eta_2^2+\cdots+\eta_9^2}}$，则有______.

A. $U\sim\chi^2(9)$　B. $U\sim t(9)$　C. $U\sim F(9,\ 9)$　D. $U\sim t(9,\ 9)$

10. 设 $X_1,X_2,\cdots,X_{10}$ 是来自于总体 $X\sim N(0,1)$的一个样本，若统计量 $U=\dfrac{X_1^2+X_2^2+\cdots+X_5^2}{X_6^2+X_7^2+\cdots+X_{10}^2}$，则______.

A. $U\sim\chi^2(5)$　B. $U\sim t(5)$　C. $U\sim F(5,5)$　D. $U\sim F(5,10)$

11. 设总体 $X\sim\chi^2(n)$，$X_1,X_2,\cdots,X_{10}$ 是来自 X 的一个样本，$E(\overline{X})=$______，$D(\overline{X})=$______.

A. $E(\overline{X})=n,D(\overline{X})=\dfrac{n}{10}$　　B. $E(\overline{X})=\dfrac{n}{10},D(\overline{X})=\dfrac{n}{10}$

C. $E(\overline{X})=n, D(\overline{X})=n$　　D. $E(\overline{X})=n, D(\overline{X})=\frac{n}{5}$

12. 设总体 $X\sim N(0,1)$，$X_1, X_2, \cdots, X_{10}$ 为来自 X 的样本，若统计量 $T=\frac{C(X_1+X_2+\cdots+X_5)}{\sqrt{X_6^2+X_7^2+\cdots+X_{10}^2}}\sim t(5)$，则 $C=$______.

A. 1　　B. 5　　C. $\frac{\sqrt{5}}{5}$　　D. $\sqrt{5}$

(三) 综合题

1. 设 X_1，X_2，$\cdots$，X_9 是来自于总体 $X\sim N(0, 0.3^2)$ 的一个样本，求 $P(\sum_{i=1}^{9}X_i^2>1.44)$.

2. 设总体 X 的概率密度为 $f(x)=\begin{cases}\frac{3}{2}x^2, |x|<1, \\ 0, \quad 其它.\end{cases}$ $X_1, X_2, \cdots, X_n$ 是来自 X 的一个样本，$\overline{X}$ 为样本均值，求 (1) $E(\overline{X})$；(2) $D(\overline{X})$.

3. 某厂生产的灯泡使用寿命 $X\sim N(2250, 250^2)$. 现在进行质量检查，方法如下：任意挑选若干个灯泡，如果这些灯泡的平均寿命超过 2200h，就认为该厂生产的灯泡质量合格，若要使检查能通过的概率超过 0.997，问至少应检查多少只灯泡？

4. 设 $X_1, X_2, \cdots, X_n$ 是来自于总体 $X\sim b(1,p)$的样本，(1) 求 $(X_1, X_2, \cdots, X_n)$的分布律；(2) 求 $\sum_{i=1}^{n}X_i$ 的分布律；(3) 求 $E(\overline{X})$，$D(\overline{X})$，$E(S^2)$.

第六章综合练习参考答案

第七章　参数估计

一、基本概念

（一）点估计

点估计定义：设 X_1，X_2，…，X_n 是取自总体 X 的一个样本，x_1，x_2，…，x_n 是相应的一个样本值．θ 是总体分布中的未知参数，为了估计未知参数 θ，构造一个适当的统计量 $\hat{\theta}(X_1, X_2, \cdots, X_n)$，用其观察值 $\hat{\theta}(x_1, x_2, \cdots, x_n)$ 来估计 θ 的值．称 $\hat{\theta}(X_1, X_2, \cdots, X_n)$ 为 θ 的估计量，称 $\hat{\theta}(x_1, x_2, \cdots, x_n)$ 为 θ 的估计值．在不致混淆的情况下，估计量与估计值统称为点估计，简称为估计，并简记为 $\hat{\theta}$.

估计量 $\hat{\theta}(X_1, X_2, \cdots, X_n)$ 是一个随机变量，是样本的函数，即是一个统计量，对不同的样本值，θ 的估计值 $\hat{\theta}$ 一般是不同的．

求点估计量方法有矩估计法和最大似然估计法．

1. 矩估计法

矩估计法是用样本矩 A_k 作为相应总体矩 $\mu_k=E(X^k)$ 的估计量的方法．

(1) 若总体中只含有一个未知参数，用样本的一阶矩 $A_1=\overline{X}$ 作为总体一阶矩 $\mu_1=E(X)$ 的估计量，即设 $A_1=\mu_1$，得未知参数的估计量．

(2) 若总体中含有两个未知参数，就设 $\begin{cases}A_1=\mu_1\\A_2=\mu_2\end{cases}$，解方程组得未知参数的估计量．

(3) 若总体中含有个 n 未知参数，就设 $A_k=\mu_k$，$k=1, 2, \cdots, n$，解方程组

得未知参数的估计量.

2. 最大似然估计法

似然函数：样本的联合分布律或联合概率密度.

若 $X_1,X_2,\cdots,X_n$ 是取自总体 X 的样本，样本的观察值为 $x_1,x_2,\cdots,x_n$，对于

离散型：若总体 X 的概率分布为 $P\{X=x\}=p(x,\theta)$，其中 θ 为未知参数. **则似然函数为样本的联合分布律**，即

$$L(\theta)=P\{X_1=x_1,X_2=x_2,\cdots,X_n=x_n\}=\prod_{i=1}^{n}p(x_i;\theta).$$

连续型：若总体 X 的概率密度为 $f(x,\theta)$，其中 θ 为未知参数，**则似然函数为样本的联合概率密度**，即

$$L(\theta)=L(x_1,x_2,\cdots,x_n;\theta)=\prod_{i=1}^{n}f(x_i;\theta).$$

最大似然估计法：固定样本观测值 x_1，x_2，$\cdots$，x_n，在 θ 取值的可能范围 Θ 内，挑选使似然函数 $L(\theta)$ 达到最大的参数值 $\hat{\theta}$，作为参数 θ 的估计值，即

$$L(x_1,x_2,\cdots,x_n;\hat{\theta})=\max_{\theta\in\Theta}L(x_1,x_2,\cdots,x_n;\theta).$$

这样得到的 $\hat{\theta}$ 与样本值 x_1，x_2，$\cdots$，x_n 有关，常记为 $\hat{\theta}(x_1,x_2,\cdots,x_n)$，称为参数 θ 的最大似然估计值，而相应的统计量 $\hat{\theta}(X_1,X_2,\cdots,X_n)$ 称为参数 θ 的最大似然估计量.

求最大似然估计的一般步骤：

(1) 写出似然函数 $L(\theta)=L(x_1,x_2,\cdots,x_n;\theta)$；

(2) 求出 $\ln L(\theta)$；

(3) 求出 $\dfrac{\mathrm{d}\ln L(\theta)}{\mathrm{d}\theta}$；

(4) 解方程 $\dfrac{\mathrm{d}\ln L(\theta)}{\mathrm{d}\theta}=0$，得到的 θ 即为参数 θ 的最大似然估计值 $\hat{\theta}(x_1,x_2,\cdots,x_n)$.

(若此步骤求不出参数 θ 的最大似然估计，就按最大似然估计的定义来求.)

常用分布的矩估计和最大似然估计：

(1) 总体 $X\sim(0-1)$，未知参数 p 的矩估计和最大似然估计均为 $\hat{p}=\overline{X}$；

(2) 总体 $X\sim b(n,\ p)$，未知参数 p 的矩估计和最大似然估计均为 $\hat{p}=\dfrac{\overline{X}}{n}$；

(3) 总体 $X\sim\pi(\lambda)$，未知参数 λ 的矩估计和最大似然估计均为 $\hat{\lambda}=\overline{X}$；

(4) 总体 $X \sim N(\mu, \sigma^2)$，未知参数 μ 的矩估计和最大似然估计均为 $\hat{\mu}=\overline{X}$，未知参数 σ^2 的矩估计和最大似然估计均为 $\hat{\sigma}^2=\frac{1}{n}\sum_{i=1}^{n}(X_i-\overline{X})^2$；

(5) 总体 $X \sim E(\theta)$，未知参数 θ 的矩估计和最大似然估计均为 $\hat{\theta}=\overline{X}$；

(6) 总体 $X \sim U(a,b)$，未知参数 a，b 的矩估计分别为

$$\hat{a}=\overline{X}-\sqrt{\frac{3}{n}\sum_{i=1}^{n}(X_i-\overline{X})^2}, \hat{b}=\overline{X}+\sqrt{\frac{3}{n}\sum_{i=1}^{n}(X_i-\overline{X})^2}.$$

最大似然估计分别为

$$\hat{a}=\min_{1\leqslant i\leqslant n} X_i, \hat{b}=\max_{1\leqslant i\leqslant n} X_i.$$

(二) 估计量的评选标准

无偏性：设 $\hat{\theta}=\hat{\theta}(x_1, x_2, \cdots, x_n)$ 是 θ 的一个估计，$\theta\in\Theta$，若 $\forall\theta\in\Theta$，有 $E(\hat{\theta})=\theta$，则称 $\hat{\theta}=\hat{\theta}(x_1,x_2,\cdots,x_n)$ 是 θ 的无偏估计，否则称为有偏估计.

有效性：设 $\hat{\theta}_1$，$\hat{\theta}_2$ 是 θ 的两个无偏估计，如果对任意的 $\theta\in\Theta$，有 $D(\hat{\theta}_1)\leqslant D(\hat{\theta}_2)$，则称 $\hat{\theta}_1$ 比 $\hat{\theta}_2$ 有效.

相合性（一致性）：设 $\theta\in\Theta$ 为未知参数，$\hat{\theta}_n=\hat{\theta}_n(x_1, x_2, \cdots, x_n)$ 是 θ 的一个估计，n 是样本容量，若对任意 $\varepsilon>0$，有 $\lim_{n\to\infty}P\{|\hat{\theta}_n-\theta|<\varepsilon\}=1$，即 $\hat{\theta}_n=\hat{\theta}_n(x_1,x_2,\cdots,x_n)$ 依概率收敛于 θ，则称 $\hat{\theta}_n=\hat{\theta}_n(x_1, x_2, \cdots, x_n)$ 为 θ 的一致估计或相合估计.

相关结论：

(1) 样本均值 $\overline{X}$ 是总体均值 μ 的无偏估计量；

(2) 样本方差 S^2 是总体方差 σ^2 的无偏估计量；

(3) 样本二阶中心矩 $\frac{1}{n}\sum_{i=1}^{n}(X_i-\overline{X})^2$ 是 σ^2 的有偏估计量.

(三) 区间估计

置信区间：设 θ 为总体分布的未知参数，X_1，X_2，$\cdots$，X_n 是取自总体 X 的一个样本，若对给定的 $\alpha(0<\alpha<1)$，存在统计量 $\underline{\theta}=\underline{\theta}(X_1, X_2, \cdots, X_n)$，$\overline{\theta}=\overline{\theta}(X_1, X_2, \cdots, X_n)$，使得

$$P\{\underline{\theta}<\theta<\overline{\theta}\}=1-\alpha,$$

则随机区间 $(\underline{\theta}, \overline{\theta})$ 称为 θ 的置信水平 $1-\alpha$ 的双侧置信区间，$1-\alpha$ 称为置信水平或置信度，$\underline{\theta}$ 与 $\overline{\theta}$ 分别称为 θ 的双侧置信区间的下限和上限.

寻求置信区间的方法：在点估计的基础上，构造合适的统计量，并对给定的置信度求出置信区间．一般步骤如下：

(1) 从未知参数 θ 的点估计入手，构造统计量 $W=W(X_1,X_2,\cdots,X_n;\theta)$（除参数 θ 外，不含任何其它的未知参数，统计量的分布形式已知）；

(2) 对给定的置信水平 $1-\alpha$，由所构造的统计量的上 α 分位点定义，定出常数 a，b，使得

$$P\{a\leqslant W(X_1,X_2,\cdots,X_n;\theta)\leqslant b\}=1-\alpha;$$

(3) 对不等式作恒等变形，化为

$$P\{\underline{\theta}\leqslant\theta\leqslant\overline{\theta}\}=1-\alpha,$$

则 $(\underline{\theta},\ \overline{\theta})$ 就是 θ 的置信度为 $1-\alpha$ 的双侧置信区间．

（四）正态总体均值与方差的区间估计

(1) **单个正态总体均值的区间估计**：设已给定置信水平 $1-\alpha$，X_1，X_2，$\cdots$，X_n 为总体 $N(\mu,\ \sigma^2)$ 的样本．

σ^2 已知时，均值 μ 的置信区间：$\left(\overline{X}-\dfrac{\sigma}{\sqrt{n}}z_{\frac{\alpha}{2}},\ \overline{X}+\dfrac{\sigma}{\sqrt{n}}z_{\frac{\alpha}{2}}\right)$.

σ^2 未知时，均值 μ 的置信区间：$\left(\overline{X}-\dfrac{S}{\sqrt{n}}t_{\frac{\alpha}{2}}(n-1),\ \overline{X}+\dfrac{S}{\sqrt{n}}t_{\frac{\alpha}{2}}(n-1)\right)$.

(2) **单个正态总体方差的区间估计**：

μ 已知时，方差 σ^2 的置信区间：$\left(\dfrac{\sum\limits_{i=1}^{n}(X_i-\mu)^2}{\chi^2_{\frac{\alpha}{2}}(n)},\ \dfrac{\sum\limits_{i=1}^{n}(X_i-\mu)^2}{\chi^2_{1-\frac{\alpha}{2}}(n)}\right)$.

μ 未知时，方差 σ^2 的置信区间：$\left(\dfrac{(n-1)S^2}{\chi^2_{\frac{\alpha}{2}}(n-1)},\ \dfrac{(n-1)S^2}{\chi^2_{1-\frac{\alpha}{2}}(n-1)}\right)$.

(3) **两个正态总体均值差的置信区间**：设总体 X 与 Y 相互独立，$X\sim N(\mu_1,\sigma_1^2)$，$Y\sim N(\mu_2,\sigma_2^2)$，$X_1,X_2,\cdots,X_{n_1}$ 和 $Y_1,Y_2,\cdots,Y_{n_2}$ 分别来自总体 X 和 Y 的容量分别为 n_1 和 n_2 的样本，样本均值与样本方差分别记为 $\overline{X}$，S_1^2 和 $\overline{Y}$，S_2^2.

① σ_1^2 与 σ_2^2 均已知时，均值差 $\mu_1-\mu_2$ 的置信区间

$$\left(\overline{X}-\overline{Y}-z_{\frac{\alpha}{2}}\sqrt{\frac{\sigma_1^2}{n_1}+\frac{\sigma_2^2}{n_2}},\overline{X}-\overline{Y}+z_{\frac{\alpha}{2}}\sqrt{\frac{\sigma_1^2}{n_1}+\frac{\sigma_2^2}{n_2}}\right).$$

② $\sigma_1^2=\sigma_2^2=\sigma^2$，$\sigma^2$ 未知时，均值差 $\mu_1-\mu_2$ 的置信区间

$$\left(\overline{X}-\overline{Y}-t_{\frac{\alpha}{2}}(n_1+n_2-2)\sqrt{\frac{(n_1-1)S_1^2+(n_2-1)S_2^2}{n_1+n_2-2}\left(\frac{1}{n_1}+\frac{1}{n_2}\right)},\right.$$

$$\overline{X}-\overline{Y}+t_{\frac{\alpha}{2}}(n_1+n_2-2)\sqrt{\frac{(n_1-1)S_1^2+(n_2-1)S_2^2}{n_1+n_2-2}\left(\frac{1}{n_1}+\frac{1}{n_2}\right)}\Bigg).$$

(4) **两个正态总体方差比的置信区间：**$\frac{\sigma_1^2}{\sigma_2^2}$**的置信区间为**

$$\left(\frac{S_1^2}{S_2^2}\frac{1}{F_{\alpha/2}(n_1-1,n_2-1)},\frac{S_1^2}{S_2^2}\frac{1}{F_{1-\alpha/2}(n_1-1,n_2-1)}\right).$$

(五) 单侧置信区间

定义：设 θ 为总体分布的未知参数，X_1，X_2，…，X_n 是来自总体 X 的一个样本，若对给定的数 $\alpha(0<\alpha<1)$，存在统计量 $\underline{\theta}=\underline{\theta}(X_1,X_2,\cdots,X_n)$，满足

$$P\{\underline{\theta}<\theta\}=1-\alpha,$$

则称$(\underline{\theta},+\infty)$ 为 θ 的置信度为 $1-\alpha$ 的单侧置信区间，称 $\underline{\theta}$ 为 θ 的单侧置信下限．

若存在统计量 $\overline{\theta}=\overline{\theta}(X_1, X_2, \cdots, X_n)$，满足

$$P\{\theta<\overline{\theta}\}=1-\alpha,$$

则称 $(-\infty, \overline{\theta})$ 为 θ 的置信度为 $1-\alpha$ 的单侧置信区间，称 $\overline{\theta}$ 为 θ 的单侧置信上限．

二、典型例题

【例 1】 设总体 X 的概率密度函数为

$$f(x;\theta)=\begin{cases}e^{-(x-\theta)}, & x\geqslant\theta,\\ 0, & x<\theta.\end{cases}$$

若 X_1，X_2，…，X_n 是来自总体 X 的简单随机样本，求未知参数 θ 的矩估计量．

解：利用矩估计的方法，样本的一阶原点矩与总体的一阶原点矩相等，即 $A_1=\mu_1$，其中

$$A_1=\overline{X}=\frac{1}{n}\sum_{i=1}^{n}X_i,\mu_1=E(X)=\int_{\theta}^{+\infty}x e^{-(x-\theta)}\mathrm{d}x=\theta+1,\text{得 }\overline{X}=\theta+1.$$

所以参数 θ 的矩估计量为 $\hat{\theta}=\overline{X}-1$.

【例 2】 设总体 X 的概率分布为

X	0	1	2	3
P	θ^2	$2\theta(1-\theta)$	θ^2	$1-2\theta$

其中 $\theta(0<\theta<\frac{1}{2})$ 是未知参数，利用总体 X 的如下样本值

3， 1， 3， 0， 3， 1， 2， 3.

求参数 θ 的矩估计值和最大似然估计值.

解：参数 θ 的矩估计：设 $A_1=\mu_1$，其中

$$A_1=\bar{x}=\frac{1}{8}\sum_{i=1}^{8}x_i=\frac{1}{8}(3+1+3+0+3+1+2+3)=2,$$

$$\mu_1=E(X)=2\theta(1-\theta)+2\theta^2+3(1-2\theta)=3-4\theta,$$

即 $3-4\theta=2$，所以 θ 的矩估计值为 $\hat{\theta}=\frac{1}{4}$.

参数 θ 的最大似然估计：对于给定的样本值，似然函数为

$$L(\theta)=\prod_{i=1}^{8}P(X_i=x_i)=P(X_1=3)P(X_2=1)\cdots P(X_8=3)$$
$$=(1-2\theta)^4[2\theta(1-\theta)]^2\theta^2\theta^2=4\theta^6(1-\theta)^2(1-2\theta)^4.$$
$$\ln L(\theta)=\ln 4+6\ln\theta+2\ln(1-\theta)+4\ln(1-2\theta).$$

令 $\frac{\mathrm{d}\ln L(\theta)}{\mathrm{d}\theta}=\frac{6-28\theta+24\theta^2}{\theta(1-2\theta)(1-\theta)}=0$，求得 $\theta=\frac{7-\sqrt{13}}{12}$（由于 $\theta=\frac{7+\sqrt{13}}{12}>\frac{1}{2}$，故舍去），所以参数 θ 的最大似然估计值为 $\hat{\theta}=\frac{7-\sqrt{13}}{12}$.

【例 3】 设总体 X 的均值 μ 及方差 σ^2 都存在，且有 $\sigma^2>0$，但 μ，σ^2 均为未知，又设 X_1，X_2，…，X_n 是来自 X 的样本. 试求 μ，σ^2 的矩估计量.

解：令 $\begin{cases}A_1=\mu_1\\A_2=\mu_2\end{cases}$，即 $\begin{cases}\overline{X}=\mu_1=E(X)=\mu\\ \frac{1}{n}\sum_{i=1}^{n}X_i^2=E(X^2)=D(X)+[E(X)]^2=\sigma^2+\overline{X}^2\end{cases}$.

即 μ,σ^2 的估计量为 $\begin{cases}\hat{\mu}=\overline{X}\\ \hat{\sigma}^2=\frac{1}{n}\sum_{i=1}^{n}X_i^2-\overline{X}^2=\frac{1}{n}(\sum_{i=1}^{n}X_i^2-n\overline{X}^2)=\frac{1}{n}\sum_{i=1}^{n}(X_i-\overline{X})^2\end{cases}$.

【例 4】 设 X_1，X_2，X_3，X_4 是来自正态总体 $N(\mu,\sigma^2)$ 的样本. 其中 μ，σ 未知，设有估计量

$$T_1=\frac{1}{6}(X_1+X_2)+\frac{1}{3}(X_3+X_4),$$
$$T_2=(X_1+2X_2+3X_3+4X_4)/5,$$
$$T_3=(X_1+X_2+X_3+X_4)/4.$$

(1) 指出 T_1，T_2，T_3 中哪个是 μ 的无偏估计；

(2) 指出上述 μ 的无偏估计中哪一个较为有效.

解：(1) 若$E(T)=\mu$，则统计量T是μ的无偏估计.

由于$E(T_1)=\mu,E(T_2)=2\mu,E(T_3)=\mu$,所以$T_1,T_3$都是$\mu$的无偏估计.

(2) 有效性，统计量T_1，T_3都是μ的无偏估计，那么$D(T_1)$，$D(T_3)$中，小的较有效．由于$D(T_1)=\frac{2}{36}\sigma^2+\frac{2}{9}\sigma^2=\frac{5}{18}\sigma^2$，而$D(T_3)=\frac{1}{4}\sigma^2$. 显然$D(T_1)>D(T_3)$，所以$\mu$的无偏估计$T_3$比较有效.

【例 5】 设某种清漆的9个样品，其干燥时间（单位：h）分别为

6.0　5.7　5.8　6.5　7.0　6.3　5.6　6.1　5.0

设干燥时间总体X服从正态分布$N(\mu,\sigma^2)$. 求μ的置信水平为0.95的置信区间.
(1) 若由以往经验知$\sigma=0.6$h；(2) 若σ为未知.

解：(1) 由于$\sigma=0.6$，总体$X\sim N(\mu,\sigma^2)$，所以μ的置信水平为0.95的置信区间为

$$\left(\overline{X}-Z_{0.025}\frac{\sigma}{\sqrt{n}},\overline{X}+Z_{0.025}\frac{\sigma}{\sqrt{n}}\right)$$

式中，$n=9$，$\sigma=0.6$，$\overline{x}=6$，$Z_{0.025}=1.96$．所求置信区间为

$$\left(6-1.96\times\frac{0.6}{\sqrt{9}},6+1.96\times\frac{0.6}{\sqrt{9}}\right)=(5.608,6.392).$$

(2) 若σ为未知，μ的置信水平为0.95置信区间为

$$\left(\overline{X}-\frac{S}{\sqrt{n}}t_{0.025}(n-1),\overline{X}+\frac{S}{\sqrt{n}}t_{0.025}(n-1)\right)$$

其中$n=9$，$t_{0.025}(8)=2.306$，算得$\overline{x}=6$，$S^2=0.33$. 所求置信区间为

$$\left(6-2.306\times\frac{\sqrt{0.33}}{\sqrt{9}},6+2.306\times\frac{\sqrt{0.33}}{\sqrt{9}}\right)=(5.56,6.44).$$

【例 6】 设大学生男生身高的总体$X\sim N(\mu,16)$（单位：cm)，若要使其平均身高置信度为0.95的置信区间长度小于1.2，问至少应抽查多少名学生的身高?

解：已知方差为16，且为$X\sim N(\mu,16)$，参数μ的置信度为0.95的置信区间为

$$\left(\bar{X}-Z_{0.025}\frac{\sigma}{\sqrt{n}},\quad \bar{X}+Z_{0.025}\frac{\sigma}{\sqrt{n}}\right)$$

其中$\sigma=4$，$Z_{0.025}=1.96$．置信区间长度为$2Z_{0.025}\frac{\sigma}{\sqrt{n}}$，要使$2Z_{0.025}\frac{\sigma}{\sqrt{n}}<1.2$，得到$n\geqslant171$. 故至少应抽查171名男生的身高.

三、综合练习

(一) 填空题

1. 设 X_1, X_2, X_3, X_4 是来自正态总体 $N(\mu, \sigma^2)$ 的样本. 其中 μ，σ 未知 ($\mu \neq 0$)，统计量 $T_1 = \frac{1}{3}(X_1 + X_2 + X_3)$，$T_2 = \frac{1}{4}(X_1 + X_2 + X_3 + X_4)$，$T_3 = \frac{1}{6}(X_1 + X_2)$，______ (填哪个是) 是参数 μ 的无偏估计，______是参数 μ 的最有效估计.

2. 若 100 个大学生的月平均消费为 1500 元，假设每月消费量 $X \sim N(\mu, 100)$，则 μ 的置信水平为 0.95 的置信区间为____________.

3. 设一个公司 9 个月的平均销售业绩量为 100 万元，假设每月销售业绩 X 服从正态分布，若 $\sigma^2 = 100$，则 μ 的置信水平为 0.95 的置信区间长度为_________.

4. 设某种电子管的使用寿命服从正态分布，从中随机抽取 9 个电子管进行检验，算出平均使用寿命为 200h，样本标准差为 9h，则以 95%的置信水平估计整批电子管使用寿命的置信区间为____________________.

5. 某化纤强力服从正态分布，现抽取了一个容量 $n = 37$ 的样本，样本均值 $\bar{x} = 6.35$，样本方差为 $s^2 = 1$，该化纤强力方差 σ^2 的置信水平为 0.95 的置信区间为_________________________.

(二) 选择题

1. 若样本 X_1, X_2, X_3, X_4 是取自正态总体 X 的样本，$E(X) = \mu$，$D(X) = \sigma^2$，$\overline{X}$，S^2 分别为样本均值及样本方差，则有 (　　).

A. $X_1 + X_2 + X_3 + X_4$ 是 μ 的无偏估计　　B. $\frac{X_1 + X_2 + X_3 + X_4}{3}$ 是 μ 的无偏估计

C. X_2^2 是 σ^2 的无偏估计　　D. S^2 是 σ^2 的无偏估计

2. 设总体 $X \sim N(\mu, \sigma^2)$，μ，σ^2 均未知，则 $\frac{1}{n}\sum_{i=1}^{n}(X_i - \overline{X})^2$ 是 (　　).

A. μ 的无偏估计　　B. σ^2 的无偏估计

C. μ 的矩估计　　D. σ^2 的矩估计

3. 设 9 名足球运动员在比赛前的脉搏 (12s) 次数为

11　13　12　13　11　12　12　13　11

假设脉搏次数 X 服从正态分布，$\overline{X} = 12$，若 $\sigma^2 = 4$，则参数 μ 的矩估计为_________；最大似然估计为_________.

A. 12，12　　B. 11，12　　C. 11，13　　D. 12，13

4. 某日光灯的使用寿命服从均值为 μ 的指数分布，现抽取了一个容量 $n = 100$

的样本，观察得样本均值 $\bar{x}=10$，则参数 μ 的矩估计为________；最大似然估计为________.

A. 10，10　　B. 0.1，0.1　　C. 10，0.1　　D. 0.1，10

5. 设总体 $X\sim\pi(\lambda)$，$X_1,X_2,\cdots,X_n$ 是来自总体 X 的一个样本，$\overline{X}$ 和 S^2 分别为样本均值和样本方差，则参数 λ 的矩估计为________.

A. X　　B. $\overline{X}$　　C. S^2　　D. S

6. 设总体 $X\sim b(1,p)$，$X_1,X_2,\cdots,X_n$ 是来自总体的一个样本，$\overline{X}$ 和 S^2 分别为样本均值和样本方差，则参数 p 的矩估计为________.

A. X　　B. $\overline{X}$　　C. S^2　　D. S

(三) 综合题

1. 设总体 X 的概率密度为

$$f(x)=\begin{cases}(\beta+1)x^{\beta}, & 0<x<1,\\ 0, & \text{其它}.\end{cases}$$

其中未知参数 $\beta>-1$，从中获得样本 $X_1,X_2,\cdots,X_n$. 求参数 β 的矩估计和最大似然估计.

2. 设 $X_1,X_2,\cdots,X_n$ 是总体 X 的一个样本，$x_1,x_2,\cdots,x_n$ 为一相对应的样本观测值，总体 X 的概率密度为

$$f(x)=\begin{cases}\alpha x^{\alpha-1}, & 0<x<1,\\ 0, & \text{其它}.\end{cases}$$

其中 $\alpha>0$ 未知，求参数 α 的最大似然估计.

3. 设总体 X 服从参数为 λ 的泊松分布，其中 λ 是未知参数，利用总体 X 的样本值 1，2，1，3，求参数 λ 的矩估计值和最大似然估计值.

4. 设总体 X 服从参数为 θ 的指数分布，其中 θ 是未知参数，$X_1,X_2,\cdots,X_n$ 是来自 X 的样本，求 θ 的最大似然估计量.

5. 设 $X_1,X_2,\cdots,X_n$ 是总体 X 的样本，总体 X 的概率密度为

$$f(x)=\begin{cases}\theta c^{\theta}x^{-(\theta+1)}, & x>c,\\ 0, & \text{其它}.\end{cases}$$

其中 $c>0$ 为已知，$\theta>1$ 为未知参数. 求参数 θ 的矩估计和最大似然估计.

6. 设随机变量 X 的概率密度为

$$f(x;\theta)=\begin{cases}\dfrac{1}{1-\theta}, & \theta<x<1,\\ 0, & \text{其它}.\end{cases}$$

其中 θ 是未知参数，$X_1,X_2,\cdots,X_n$ 是来自总体 X 的样本. 求参数 θ 的矩估计和最

大似然估计.

7. 设总体 X 服从指数分布，其概率密度为

$$f(x;\theta)=\begin{cases}\dfrac{1}{\theta}e^{-x/\theta}, & x>0,\\ 0, & x\leqslant 0.\end{cases}$$

其中参数 $\theta>0$ 为未知，又设 X_1，X_2，…，X_n 是来自 X 的样本. 试证 $\overline{X}$ 和 $nZ=n[\min(X_1,X_2,\cdots,X_n)]$都是 θ 的无偏估计量，并评定哪个估计量更有效.

8. 箱中有 100 个球，其中只有红色和白色两种球，现从箱中有放回地每次取出一球，共取 6 次. 如出现红球记为 1，出现白球记为 0，得数据 1，1，0，1，1，1. 试用矩估计法估计箱子中有多少个红球.

9. 设 X_1，X_2，…，X_n 是来自总体 X 的一个样本，且 $X\sim\pi(\lambda)$. 求 $P(X=0)$ 的最大似然估计.

10. 从总体 X 中抽取样本 $X_1,X_2,\cdots,X_n$，设 $E(X)=\mu$，$D(X)=\sigma^2$，确定常数 c 的值，使得 $\hat{\sigma}^2=c\sum\limits_{i=1}^{n-1}(X_{i+1}-X_i)^2$ 是 σ^2 的无偏估计量.

11. 设 $X_1,X_2,\cdots,X_n$ 为来自总体 X 的样本，若统计量 $\hat{\mu}=\sum\limits_{i=1}^{n}a_iX_i$ 是总体均值 μ 的无偏估计. 求 $\sum\limits_{i=1}^{n}a_i$.

12. 研究两种固体燃料火箭推进器的燃烧率. 设两者都服从正态分布，并且已知燃烧率的标准差均近似地为 0.05cm/s，取样本容量为 $n_1=n_2=20$. 得燃烧率的样本均值分别为 $\bar{x}_1=18$cm/s，$\bar{x}_2=24$cm/s，设两样本独立. 求两燃烧率总体均值差 $\mu_1-\mu_2$ 的置信水平为 0.99 的置信区间.

13. 设两位化验员 A，B 独立地对某种聚合物含氯量用相同的方法各做 10 次测定，其测定值的样本方差依次为 $s_A^2=0.5419$，$s_B^2=0.6065$. 设 σ_A^2，σ_B^2 分别为 A，B 所测定的测定值总体的方差. 设总体均为正态分布，且两样本独立. 求方差比 σ_A^2/σ_B^2 的置信水平为 0.95 的置信区间.

14. 为研究某种汽车轮胎的磨损特性，随机地选择 16 只轮胎，每只轮胎行驶到磨损为止，记录所行驶的路程（km）如下：

41250　40187　43175　41010　39265　41872　42654　41287

38970　40200　42550　41095　40680　43500　39775　40400

假设这些数据来自正态总体 $X\sim N(\mu,\sigma^2)$，其中 μ，σ^2 未知，试求 μ 的置信水平为 0.95 的单侧置信下限.

15. 科学上的重大发现往往是由年轻人做出的，下面列出了自 16 世纪初期至 20 世纪早期的十二项重大发现的发现者和他们发现时的年龄：

发现内容	发现者	发现时间	年龄
(1)地球绕太阳运转	哥白尼	1513	40
(2)望远镜、天文学的基本定律	伽利略	1600	36
(3)运动原理、重力、微积分	牛顿	1665	23
(4)电的本质	富兰克林	1746	40
(5)燃烧是与氧气联系着的	拉瓦锡	1774	31
(6)地球是渐进过程演化成的	莱尔	1830	33
(7)自然选择控制演化的证据	达尔文	1858	49
(8)光的场方程	麦克斯韦	1864	33
(9)放射性	居里夫人	1902	34
(10)量子论	普朗克	1900	43
(11)狭义相对论	爱因斯坦	1905	26
(12)量子论的数学基础	薛定谔	1926	39

设样本来自正态总体，试求发现者的平均年龄 μ 的置信水平为 0.95 的单侧置信上限．

第七章综合练习参考答案

第八章　假设检验

一、基本概念

（一）假设检验

假设检验有参数假设检验和非参数假设检验．

假设检验是对总体的分布类型或分布中某些未知参数作某种假设，然后由抽取的样本所提供的信息对假设的正确性进行判断的过程．

对已知分布中某些未知参数进行的假设检验称为参数假设检验，所做的假设叫做原假设，用 H_0 表示，与原假设对立的假设叫做备择假设，用 H_1 表示．

假设检验的基本思想：依据实际推断原理，即小概率原理：发生概率很小的随机事件在一次试验中是几乎不可能发生的．如果在一次试验中小概率事件发生了，我们就有理由拒绝原假设．事实上假设检验是具有一定概率性质的反证法．

拒绝域：当检验统计量取某个区域 C 中的值时，我们拒绝原假设 H_0，则称区域 C 为拒绝域，拒绝域的边界点称为临界值点．

两类错误：H_0 为真而拒绝 H_0 称为第一类错误（弃真错误）；H_0 不真而接受 H_0 称为第二类错误（取伪错误）．

显著性水平 α：犯第一类错误概率的上限，即 $P\{$当 H_0 为真拒绝 $H_0\}\leqslant\alpha$.

显著性假设检验：假设检验过程中只控制犯第一类错误的概率，而不考虑犯第二类错误的概率．

假设检验的步骤：

（1）根据实际问题的要求提出原假设 H_0 及备择假设 H_1；

（2）给定显著水平以及样本容量；

(3) 从检验参数的点估计入手，构造检验统计量（分布形式已知，不含其它未知参数）；

(4) 由检验统计量的上 α 分位点定义，按 $P\{$当 H_0 为真拒绝 $H_0\}\leqslant\alpha$，求出拒绝域；

(5) 取样，根据样本观察值做出决策，是接受 H_0 还是拒绝 H_0.

假设检验的几种检验法如下.

(1) Z 检验法：检验统计量 Z 服从标准正态分布的检验法.

(2) t 检验法：利用 t 统计量得出的检验法.

(3) χ^2 检验法：检验统计量服从 χ^2 分布的检验法.

(4) F 检验法：检验统计量服从 F 分布的检验法.

(二) 正态总体均值的假设检验

1. 单个正态总体均值的假设检验

均值 μ 的双侧检验：$H_0:\mu=\mu_0, H_1:\mu\neq\mu_0$.

(1) σ^2 已知（Z 检验法），统计量 $Z=\dfrac{\overline{X}-\mu_0}{\sigma/\sqrt{n}}\sim N(0,1)$，拒绝域

$$(-\infty,-z_{\alpha/2})\cup(z_{\alpha/2},+\infty).$$

(2) σ^2 未知（t 检验法），统计量 $t=\dfrac{\overline{X}-\mu_0}{S/\sqrt{n}}\sim t(n-1)$，拒绝域

$$(-\infty,-t_{\alpha/2}(n-1))\cup(t_{\alpha/2}(n-1),+\infty).$$

均值 μ 的左侧检验：$H_0:\mu\geqslant\mu_0, H_1:\mu<\mu_0$.

(1) σ^2 已知，统计量 $Z=\dfrac{\overline{X}-\mu_0}{\sigma/\sqrt{n}}\sim N(0,1)$，拒绝域 $(-\infty,-z_\alpha)$.

(2) σ^2 未知，统计量 $t=\dfrac{\overline{X}-\mu_0}{S/\sqrt{n}}\sim t(n-1)$，拒绝域 $(-\infty,-t_\alpha(n-1))$.

均值 μ 的右侧检验：$H_0:\mu\leqslant\mu_0, H_1:\mu>\mu_0$.

(1) σ^2 已知，统计量 $Z=\dfrac{\overline{X}-\mu_0}{\sigma/\sqrt{n}}\sim N(0,1)$，拒绝域 $(z_\alpha, +\infty)$.

(2) σ^2 未知，统计量 $t=\dfrac{\overline{X}-\mu_0}{S/\sqrt{n}}\sim t(n-1)$，拒绝域 $(t_\alpha(n-1), +\infty)$.

2. 两个正态总体均值差的显著性检验 $H_0:\mu_1=\mu_2, H_1:\mu_1\neq\mu_2$

(1) σ_1^2 与 σ_2^2 已知，统计量 $Z=\dfrac{\overline{X}-\overline{Y}}{\sqrt{\dfrac{\sigma_1^2}{n_1}+\dfrac{\sigma_2^2}{n_2}}}\sim N(0,1)$，拒绝域

$$(-\infty,-z_{\alpha/2})\cup(z_{\alpha/2},+\infty).$$

(2) $\sigma_1^2=\sigma_2^2$ 未知，统计量 $t=\dfrac{\overline{X}-\overline{Y}}{\sqrt{\dfrac{(n_1-1)S_1^2+(n_2-1)S_2^2}{n_1+n_2-2}\left(\dfrac{1}{n_1}+\dfrac{1}{n_2}\right)}}\sim t(n_1+n_2-2)$，

拒绝域 $(-\infty,-t_{\alpha/2}(n_1+n_2-2))\cup(t_{\alpha/2}(n_1+n_2-2),+\infty)$.

(三) 正态总体方差的假设检验

1. 单个正态总体方差的假设检验（χ^2 检验法）

方差 σ^2 的双侧检验：$H_0:\sigma^2=\sigma_0^2,H_1:\sigma^2\neq\sigma_0^2$（$\chi^2$ 检验法）.

统计量 $\chi^2=\dfrac{(n-1)S^2}{\sigma_0^2}\sim\chi^2(n-1)$，拒绝域 $(0,\chi^2_{1-\alpha/2}(n-1))\cup(\chi^2_{\alpha/2}(n-1),+\infty)$.

方差 σ^2 的左侧检验：$H_0:\sigma^2\geqslant\sigma_0^2,H_1:\sigma^2<\sigma_0^2$.

统计量 $\chi^2=\dfrac{(n-1)S^2}{\sigma_0^2}\sim\chi^2(n-1)$，拒绝域 $(0,\chi^2_{1-\alpha}(n-1))$.

方差 σ^2 的右侧检验：$H_0:\sigma^2\leqslant\sigma_0^2,H_1:\sigma^2>\sigma_0^2$.

统计量 $\chi^2=\dfrac{(n-1)S^2}{\sigma_0^2}\sim\chi^2(n-1)$，拒绝域 $(\chi^2_\alpha(n-1),+\infty)$.

2. 两个正态总体方差的齐性检验（F 检验法）

双侧检验 $H_0:\sigma_1^2=\sigma_2^2,H_1:\sigma_1^2\neq\sigma_2^2$

左侧检验 $H_0:\sigma_1^2\geqslant\sigma_2^2,H_1:\sigma_1^2<\sigma_2^2$

右侧检验 $H_0:\sigma_1^2\leqslant\sigma_2^2,H_1:\sigma_1^2>\sigma_2^2$

统计量 $F=\dfrac{S_1^2}{S_2^2}\sim F(n_1-1,n_2-1)$.

双侧检验拒绝域 $(0,F_{1-\alpha/2}(n_1-1,n_2-1))\cup(F_{\alpha/2}(n_1-1,n_2-1),+\infty)$.

左侧检验拒绝域 $(0,F_{1-\alpha}(n_1-1,n_2-1))$.

右侧检验拒绝域 $(F_\alpha(n_1-1,n_2-1),+\infty)$.

二、典型例题

(一) 单个正态总体 $N(\mu,\sigma^2)$ 均值 μ 的假设检验

1. 假定 σ^2 已知，则以 $Z=\dfrac{\overline{X}-\mu_0}{\sigma/\sqrt{n}}$ 为检验统计量

(1) 双边检验

【例 1】 某工厂用自动包装机包装葡萄糖，规定标准重量为每袋净重 500g，标

准差为15g. 现随机抽取10袋，测得各袋净重（g）为：

495，510，505，498，503，492，502，505，497，506.

设每袋净重服从正态分布 $N(\mu,\ \sigma^2)$，问包装机工作是否正常（取显著性水平 $\alpha=0.05$）?

解：按题意需检验 $H_0:\mu=\mu_0=500, H_1:\mu\neq 500$.

此检验问题的拒绝域为 $\left|\dfrac{\overline{x}-\mu_0}{\sigma/\sqrt{n}}\right|\geqslant z_{\alpha/2}$.

现在 $n=10, \overline{x}=501.3, \sigma=15, z_{0.025}=1.96$，即有 $|z|=\left|\dfrac{\overline{x}-\mu_0}{\sigma/\sqrt{n}}\right|=0.274<1.96$，$|z|$没有落在拒绝域中，故接受 H_0，即认为该自动包装机工作正常.

(2) 单边检验

【例 2】 某厂对废水进行处理，要求某种有毒物质的浓度小于19（kg/L）. 抽样检查得到10个数据，其样本均值为17.1（kg/L）. 设有毒物质的含量服从正态分布，且已知方差为8.5（kg/L）. 问在显著水平 $\alpha=0.05$ 下，处理后的废水是否合格?

解：按题意需检验 $H_0:\mu\leqslant\mu_0=19, H_1:\mu>19$. 且 $\sigma^2=8.5$.

此检验问题的拒绝域为 $\dfrac{\overline{x}-\mu_0}{\sigma/\sqrt{n}}\geqslant Z_\alpha$.

现在 $n=10, \overline{x}=17.1, \sigma^2=8.5, Z_{0.05}=1.645$，即有 $Z=\dfrac{\overline{x}-\mu_0}{\sigma/\sqrt{n}}=-2.0608<1.645$，$Z$ 没有落在拒绝域中，故接受 H_0，即认为处理后的废水合格.

2. 假定 σ^2 未知，则以 $t=\dfrac{\overline{X}-\mu_0}{S/\sqrt{n}}$ 为检验统计量

(1) 双边检验

【例 3】 某工厂用自动包装机包装葡萄糖，规定标准重量为每袋净重500g. 现随机抽取10袋，测得各袋净重（g）为：

495，510，505，498，503，492，502，505，497，506.

设每袋净重服从正态分布 $N(\mu,\ \sigma^2)$，问包装机工作是否正常（取显著性水平 $\alpha=0.05$）?

解：按题意需检验 $H_0:\mu=\mu_0=500, H_1:\mu\neq 500$.

此检验问题的拒绝域为 $\left|\dfrac{\overline{x}-\mu_0}{s/\sqrt{n}}\right|\geqslant t_{\alpha/2}(n-1)$.

现在 $n=10$，$\overline{x}=501.3$，$s=5.62$，$t_{0.025}(9)=2.26$，即有 $|t|=\left|\dfrac{\overline{x}-\mu_0}{S/\sqrt{n}}\right|=$

$0.731<2.26$，$|t|$没有落在拒绝域中，故接受 H_0，即认为该自动包装机工作正常．

（2）单边检验

【例 4】 已知钢筋强度 X 服从正态分布，均值为 52，今改变炼钢的配方，用新配方炼了 7 炉钢，从这 7 炉钢生产的钢筋中分别抽取一根，测得样本均值为 52.14，样本方差为 2.70^2，问用新法炼钢生产的钢筋强度的均值是否明显提高（$\alpha=0.05$）？

解：按题意需检验 $H_0:\mu\leqslant\mu_0=52, H_1:\mu>52$.

此检验问题的拒绝域为 $t=\dfrac{\overline{x}-\mu_0}{S/\sqrt{n}}\geqslant t_\alpha(n-1)$.

现在 $n=7$，$\overline{x}=52.14$，$s=2.70$，$t_{0.05}(6)=1.9432$，即有 $t=\dfrac{\overline{x}-\mu_0}{S/\sqrt{n}}=0.1372<1.9432$，$t$ 没有落在拒绝域中，故接受 H_0，即认为用新法炼钢生产的钢筋强度的均值没有明显提高．

（二）单个正态总体 $N(\mu, \sigma^2)$ 方差 σ^2 的假设检验

在实际应用中通常 μ 未知，此时以 $\chi^2=\dfrac{(n-1)S^2}{{\sigma_0}^2}$ 作为检验统计量．

1. 双边检验

【例 5】 某工厂用自动包装机包装葡萄糖，现随机抽取 10 袋，测得各袋净重（g）为：

495，510，505，498，503，492，502，505，497，506.

设每袋净重服从正态分布 $N(\mu, \sigma^2)$，问能否认为每袋葡萄糖净重的标准差 $\sigma=5$g（取显著性水平 $\alpha=0.05$）？

解：按题意需检验 $H_0:\sigma=5, H_1:\sigma\neq5$.

此检验问题的拒绝域为 $\chi^2=\dfrac{(n-1)s^2}{{\sigma_0}^2}\leqslant\chi^2_{1-\alpha/2}(n-1)$ 或 $\chi^2\geqslant\chi^2_{\alpha/2}(n-1)$.

现在 $n=10, s^2=31.57, \sigma_0^2=25, \chi^2_{0.975}(9)=2.70, \chi^2_{0.025}(9)=19.0$.

即有 $2.70<\chi^2=\dfrac{(n-1)s^2}{{\sigma_0}^2}=11.36<19$，$\chi^2$ 没有落在拒绝域中，故接受 H_0，即认为每袋葡萄糖净重的标准差 $\sigma=5$g.

2. 单边检验

【例 6】 某厂管理部门要求一种产品的重量方差不得超过 30，现随机抽取 9 件产品，测得样本方差为 60，由经验知产品的重量服从正态分布，问产品是否符合标准（$\alpha=0.05$）．

解： 按题意需检验 $H_0:\sigma^2 \leqslant \sigma_0{}^2=30, H_1:\sigma^2>30$.

此检验问题的拒绝域为 $\chi^2=\frac{(n-1)s^2}{\sigma_0{}^2} \geqslant \chi_\alpha{}^2(n-1)$.

现在 $n=9, s^2=60, \chi^2_{0.05}(8)=15.507$，即有 $\chi^2=\frac{(n-1)s^2}{\sigma_0{}^2}=16>15.507$，$\chi^2$ 落在了拒绝域中，故拒绝 H_0 而接受 H_1，即认为该产品不符合标准．

三、综合练习

(一) 填空题

1. 假设检验 $H_0:\mu \leqslant \mu_0, H_1:\mu>\mu_0$ 是________检验．（填"左边"或"右边"）

2. 设总体 $X \sim N(\mu, \sigma^2)$，其中 μ，σ^2 未知，X_1，$X_2,\cdots,X_n$ 是来自总体 X 的样本，$\overline{X}$，S^2 分别为样本均值和样本方差．则假设检验

$$H_0:\mu=\mu_0, H_1:\mu \neq \mu_0$$

使用的统计量是________.

3. 设总体 $X \sim N(\mu, \sigma^2)$，其中 μ，σ^2 未知，X_1，$X_2,\cdots,X_n$ 是来自总体 X 的样本，$\overline{X}$，S^2 分别为样本均值和样本方差．则假设检验

$$H_0:\sigma^2=\sigma_0^2, H_1:\sigma^2 \neq \sigma_0^2$$

使用的统计量是________.

(二) 选择题

1. 假设检验的显著水平是________.

A. 第一类错误概率　　B. 第一类错误概率的上限

C. 第二类错误概率　　D. 第二类错误概率的上限

2. 设 X_1，$X_2,\cdots,X_{n_1}$ 是来自总体 $N(\mu_1, \sigma_1^2)$ 的样本，Y_1，$Y_2,\cdots,Y_{n_2}$ 是来自总体 $N(\mu_2, \sigma_2^2)$ 的样本，其中 μ_1，μ_2，σ_1^2，σ_2^2 均未知，两样本独立，且设 $\overline{X}$，$\overline{Y}$ 分别是两样本的样本均值，S_1^2，S_2^2 分别是两样本的样本方差．

假设检验（显著水平为 α，δ 是已知常数）：$H_0:\mu_1-\mu_2=\delta, H_1:\mu_1-\mu_2 \neq \delta$，

A. 使用 Z 检验法　　B. 使用 t 检验法

C. 使用 χ^2 检验法　　D. 使用 F 检验法

3. 设 X_1，$X_2,\cdots,X_{n_1}$ 是来自总体 $N(\mu_1, \sigma_1^2)$ 的样本，Y_1，$Y_2,\cdots,Y_{n2}$ 是来自总体 $N(\mu_2, \sigma_2^2)$ 的样本，且两样本独立，其样本方差分别为 S_1^2，S_2^2．且设 μ_1，μ_2，σ_1^2，σ_2^2 均为未知．则检验假设（显著性水平为 α）________.

$$H_0: \sigma_1^2 \leqslant \sigma_2^2, H_1: \sigma_1^2>\sigma_2^2.$$

A. 使用 Z 检验法　　B. 使用 t 检验法

C. 使用χ^2检验法　　　　D. 使用F检验法

4. 公司从生产商购买牛奶．公司怀疑生产商在牛奶中掺水以谋利．通过测定牛奶的冰点，可以检验出牛奶是否掺水．天然牛奶的冰点温度近似服从正态分布，均值$\mu_0=-0.545$. 针对此问题作假设检验，此检验为________.

A. Z检验　　B. χ^2检验　　C. t检验　　D. F检验

5. 对正态总体的数学期望μ进行假设检验，如果在显著水平0.05下接受了原假设H_0：$\mu=\mu_0$，那么在显著水平0.01下，下列结论正确的是________.

A. 必接受H_0　　B. 可能接受H_0，也可能拒绝H_0

C. 必拒绝H_0　　D. 不接受，也不拒绝H_0

6. 对正态总体的数学期望μ进行假设检验，如果在显著水平0.01下拒绝了原假设H_0：$\mu=\mu_0$，那么在显著水平0.05下，下列结论正确的是________

A. 必接受H_0　　B. 可能接受H_0，也可能拒绝H_0

C. 必拒绝H_0　　D. 不接受，也不拒绝H_0

(三) 综合题

1. 设某产品指标服从正态分布，它的均方差$\sigma=150$h. 今由一批产品中随机地抽查了26个，测得指标的平均值为1637h，则在5%的显著性水平下，能否认为这批产品的指标为1600h?

2. 电子厂生产的某种电子元件的平均使用寿命为3000h. 采用新技术试制一批这种元件，抽样检查20个，测得元件寿命的样本均值为$\overline{x}=3100$h，样本标准差$s=170$h. 设电子元件寿命服从正态分布，问试制的这批元件的平均使用寿命是否有显著提高（取显著性水平$\alpha=0.01$)?

3. 已知在正常生产情况下某种汽车零件的重量服从正态分布N（54，0.75^2).在某日生产的零件中随机抽取10件，测得重量（g）如下：

54.0，55.1，53.8，54.2，52.1，54.2，55.0，55.8，55.1，55.3.

如果标准差不变，该日生产的零件的平均重量是否有显著差异（取显著性水平$\alpha=0.05$)?

4. 已知某炼铁厂的铁水含碳量在正常情况下服从正态分布N（4.55，0.11^2).测得5炉铁水含碳量如下：

4.28，　4.40，　4.42，　4.35，　4.37.

如果标准差不变，铁水含碳量的平均值是否显著降低（取显著性水平$\alpha=0.05$)?

5. 进行5次试验，测得锰的熔化点（℃）如下：

1269，　1271，　1256，　1265，　1254

已知锰的熔化点服从正态分布，是否可以认为锰的熔化点显著高于1250℃（取显著性水平$\alpha=0.01$)?

6. 某工厂生产的铜丝的折断力（kg）服从正态分布 $N(288, 4^2)$. 某日抽取10根铜丝进行折断力试验，测得结果如下：

289，286，285，284，286，285，286，298，292，285.

是否可以认为该日生产的铜丝折断力的标准差也是4kg（取显著性水平 $\alpha=0.05$）？

7. 长期以来，某砖瓦厂生产的砖的抗断强度（单位：kg/cm^2）服从 $N(30, 1.2)$，今从该厂生产的一批新砖中随机地抽取6块，测得抗断强度分别为：

32.56，　29.66，　31.64，　30.00，　31.87，　31.03.

如果总体方差不变，这批新砖的抗断强度是否同以往生产的砖的抗断强度无差异（取显著性水平 $\alpha=0.05$）？

8. 一种元件，要求其寿命不得低于1000h. 现从一批这种元件中随机抽取25件，测得其寿命平均值为950h. 已知该种元件寿命服从方差为 $\sigma^2=100^2$ 的正态分布. 试在显著性水平0.05下确定这批元件是否合格.

第八章综合练习参考答案

模拟试题一

一、单项选择题（每题2分，共10分）

1. 盒子中有20件产品，其中有2件次品，现从盒子中任取产品2次，每次取一件（不放回）．则第2次取到合格品的概率为（　　）．

A. 0.9　　B. 0.1　　C. 1/19　　D. 17/19

2. 设随机变量的 X 概率密度为 $f_X(x)=\frac{1}{\sqrt{2\pi}}e^{-\frac{x^2}{2}}$，则随机变量 $Y=2X+1$ 的概率密度为（　　）．

A. $f_Y(y)=\frac{1}{\sqrt{2\pi}}e^{-\frac{(y-1)^2}{2}}$　　B. $f_Y(y)=\frac{1}{2\sqrt{2\pi}}e^{-\frac{(y-1)^2}{8}}$

C. $f_Y(y)=\frac{1}{2\sqrt{2\pi}}e^{-\frac{(x-1)^2}{8}}$　　D. $f_Y(y)=\frac{1}{\sqrt{10\pi}}e^{-\frac{(y-1)^2}{10}}$

3. 设随机变量 X 与 Y 相互独立同分布，且 $X\sim b(1,\ 0.2)$，则 $P\{XY=1\}=$（　　）．

A. 0.16　　B. 0.04　　C. 0.2　　D. 0.64

4. 已知随机变量 X 的概率密度为 $f(x)=\begin{cases}Ae^{-3x}, & x>0,\\ 0, & 其它,\end{cases}$ 则 $A=$（　　）．

A. $-\frac{1}{3}$　　B. $\frac{1}{3}$　　C. -3　　D. 3

5. 设随机变量（X，Y）在正方形区域 $D=\{(x,y)\mid 0\leqslant x\leqslant 1,0\leqslant y\leqslant 1\}$ 上服从均匀分布，则 $P(X^2<Y\leqslant X)=$（　　）．

A. 3 B. 6 C. $\frac{1}{6}$ D. $\frac{1}{3}$

二、填空题（每空 3 分，共 30 分）

1. 已知事件 A 和事件 B 发生的概率分别为 0.3 和 0.4，且事件 A 和事件 B 互不相容，则 $P(A\cup B)=$________.

2. 若随机变量 X 的分布函数为 $F(x)=\begin{cases}0, & x\leqslant 0,\\ \frac{1}{4}x^2, & 0<x\leqslant 2,\\ 1, & x>2.\end{cases}$

则（1）随机变量 X 的概率密度为________.

（2）$P\{X>0.5\}=$________.

3. 设随机变量 X 服从均值为 3 的指数分布，则 $E(X^2)=$________.

4. 已知随机变量 $X\sim N(2,4)$，则 $P\{X=5\}=$________.

5. 若随机变量 $X\sim U(2,8)$，则 $P\{X>4\}=$________.

6. 若随机变量 X 和 Y 相互独立，且 $X\sim\chi^2(6)$，$Y\sim\chi^2(3)$ 则

（1）$X+Y\sim$________，（2）$E(X+Y)=$________.

7. 设随机变量 X 和 Y 相互独立，$X\sim N(0,1)$，$Y\sim\chi^2(3)$，若随机变量 $\frac{C_1X}{\sqrt{Y}}\sim t(3)$，$\frac{C_2X^2}{Y}\sim F(1,3)$，则（1）$C_1=$________，（2）$C_2=$________.

三、解答题（每题 10 分，共 40 分）

1. 某与会代表主要来自甲、乙两个单位．甲单位女代表占 20%，乙单位女代表占 30%．甲、乙两单位的代表人数分别占与会代表总人数的 40%和 60%．现从代表中任选一位代表发言．

（1）求选到女代表发言的概率；

（2）若已知选到的是女代表，求她是来自甲单位的概率．

2. 设随机变量 X 的分布律为

X	-1	1	2
P	$\frac{1}{4}$	$\frac{1}{2}$	$\frac{1}{4}$

（1）写出 $Y=X^2$ 的分布律；（2）写出 Y 的分布函数；（3）求 $P(-1\leqslant X<2)$.

3. 设随机变量（X，Y）的概率密度为 $f(x,y)=\begin{cases}Ax^2y & 0<x<3,0<y<2\\ 0, & \text{其它}\end{cases}$.

（1）确定常数 A；（2）求边缘概率密度；（3）判断 X 与 Y 是否独立．

4. 设（X，Y）的分布律为

X \ Y	0	1
0	$\frac{1}{3}$	0
1	$\frac{1}{3}$	$\frac{1}{3}$

(1) 求 $P\{X=Y\}$；(2) 求 $\mathrm{Cov}(X, Y)$；(3) 求 X 与 Y 的相关系数．

四、解答题（17 题 5 分，18 题 5 分，19 题 10 分，共 20 分）

1. 设某教学班概率统计的成绩 $X \sim N(\mu, 12^2)$，现随机抽取 36 名同学的成绩，计算得到他们的平均分为 76，试求均值 μ 的置信度为 0.95 的置信区间．

2. 设 $X_1, X_2, \cdots, X_{20}$ 是来自于总体 $X \sim \pi(4)$ 的样本，$\overline{X}$ 为样本均值，求 $E(\overline{X})$ 和 $D(\overline{X})$．

3. 设总体 X 的概率密度为 $f(x)=\begin{cases}(\alpha+2)x^{\alpha+1}, 0<x<1, \\ 0, \quad 其它.\end{cases}$

其中未知参数 $\alpha>-2$，$X_1, X_2, \cdots, X_n$ 是来自总体 X 的样本．求参数 α 的矩估计和最大似然估计．

模拟试题二

一、单项选择题（每题 2 分，共 10 分）

1. 某班级有 15 名男生 15 名女生，现从中任意抽选 2 人参加一个联欢晚会，则恰好抽到一名男生一名女生的概率为（　）．

A. $\frac{1}{2}$　　B. $\frac{15}{29}$　　C. $\frac{15}{58}$　　D. $\frac{1}{4}$

2. 设随机变量 X 与 Y 相互独立，$X \sim N(2,9)$，$Y \sim N(1,4)$，则 $X-Y \sim$（　）．

A. $N(0, 1)$　　B. $N(3, 13)$　　C. $N(1, 13)$　　D. $N(1, 5)$

3. 设随机变量 X 的概率密度为 $f(x)=\begin{cases}2e^{-2x}, x>0, \\ 0, \quad 其它.\end{cases}$ 随机变量 $Y=2X-1$．

则 $E(Y)$ 和 $D(Y)$ 分别为（　）．

A. 1,16　　B. 0,1　　C. 0,0　　D. 0,2

4. 设随机变量 $X \sim N(0,4)$，$Y \sim \chi^2(9)$，若 $t=\frac{CX}{\sqrt{Y}} \sim t(9)$．则 C 等于（　）．

A. $\frac{3}{2}$　　B. $\frac{2}{3}$　　C. $\frac{1}{3}$　　D. 3

5. 设随机变量 $X \sim b(10, 0.4)$，则 $E(X^2)$ 等于（　）．

A. 2.4　　　　B. 16　　　　C. 18.4　　　　D. 0.24

二、填空题（每空 3 分，共 30 分）

1. 设事件 A、B 互不相容，$P(A)=0.2$，$P(B)=0.6$，则 $P(\bar{A}\bar{B})=$______.

2. 若随机变量 X 的概率密度为 $f(x)=\begin{cases}1, & 0<x<1, \\ 0, & 其它.\end{cases}$ 则 $P(0.2<X<0.5)=$____.

3. 设随机变量 X 与 Y 满足方程 $2Y+3X=1$. 则 X 与 Y 的相关系数 $\rho_{XY}=$____.

4. 已知随机变量 X 与 Y 相互独立，且 X 与 Y 的概率密度分别为

$f_X(x)=\dfrac{1}{\sqrt{2\pi}}e^{-\frac{x^2}{2}}$，$-\infty<x<+\infty$；$f_Y(y)=\dfrac{1}{2\sqrt{2\pi}}e^{-\frac{(y-1)^2}{8}}$，$-\infty<y<+\infty$，则

(1) $X\sim$________；(2) $X^2\sim$________；(3) $Y\sim$________；

(4) $P(X+Y\geqslant 1)=$________；(5) $D(3X-2Y)=$________.

5. 设总体 $X\sim N(0,1)$，X_1，X_2，…，X_{15} 是来自总体的一个样本，若 $\dfrac{C(X_1^2+X_2^2+\cdots+X_5^2)}{X_6^2+X_7^2+\cdots+X_{15}^2}\sim F(5,10)$，则 $C=$__________.

6. 设随机变量 (X,Y) 在正方形区域 $D=\{(x,y)\mid 0\leqslant x\leqslant 2, 0\leqslant y\leqslant 2\}$ 上服从均匀分布，则 $P(X+Y\leqslant 1)=$__________.

三、解答题（每题 10 分，共 40 分）

1. 两台车床加工同样的零件，第一台车床加工的零件废品率是 3%，第二台车床加工的零件废品率是 2%，加工出来的零件放在一起，并且已知第一台车床加工的零件比第二台车床加工的零件多一倍.

(1) 求任意取出一个零件是废品的概率；

(2) 如果取出的零件是废品，求它是第二台车床加工的概率.

2. 已知随机变量 X 的分布函数为

$$F(x)=\begin{cases}0, & x<-1, \\ 0.2, & -1\leqslant x<0, \\ 0.6, & 0\leqslant x<1, \\ 1, & x\geqslant 1.\end{cases}$$

(1) 写出随机变量 X 的分布律；(2) 求 $P(0\leqslant X\leqslant 1)$；(3) 求 $P(X\leqslant 0.5)$.

3. 设总体 X 服从参数为 λ 的泊松分布，分布律为

$$P(X=x)=\frac{\lambda^x e^{-\lambda}}{x!}, x=1,2,\cdots,$$

X_1，X_2，…，X_n 是来自于总体 X 的一个样本，x_1，x_2，…，x_n 为相应的样本值，求参数 λ 的矩估计和最大似然估计.

4. 设离散型随机变量 (X,Y) 的联合分布律为

Y / X	0	1	2
-1	$\frac{5}{20}$	$\frac{3}{20}$	$\frac{5}{20}$
2	$\frac{3}{20}$	$\frac{1}{20}$	$\frac{3}{20}$

求 (1) $E(X+Y)$;(2) $\mathrm{Cov}(X,Y)$.

四、解答题 (15 分)

设随机变量 (X, Y) 的概率密度为

$$f(x,y)=\begin{cases}Ax, & 0<x<1, 0<y<1,\\ 0, & \text{其它}.\end{cases}$$

(1) 确定常数 A;(2) 求关于 X 及 Y 的边缘概率密度;

(3) 判断随机变量 X 与 Y 是否独立;(4) 求 $E(XY^2)$.

五、解答题 (5 分)

为估计某产品的使用寿命，假定其寿命服从正态分布 $N(\mu, \sigma^2)$. 现抽取 9 件产品做实验，测得使用寿命的平均值 $\bar{x}=1500\text{h}$，标准差 $s=21\text{h}$，求参数 μ 的置信水平为 95%的置信区间.

模拟试题三

一、填空题 (每空 3 分，共 30 分)

1. 设 $P(A)=0.2, P(B)=0.6, P(A|B)=0.1$,则 $P(A-B)=$________.

2. 甲乙二人独立同时参加跳高比赛，已知他们跳过 1.8m 的概率分别为 0.9，0.8，则此二人至少有一人没有跳过 1.8m 的概率为________.

3. 若 $X\sim U(10,20)$,则 $P(6<X\leqslant 15)=$________.

4. 设随机变量 $X\sim N(3,9)$,则 $P(X\leqslant 3)=$________.

5. 在 1～100 的整数中任意抽取一个，则此数不能被 2 或不能被 3 或不能被 5 整除的概率为________.

6. 若随机变量 $X\sim \chi^2(5)$,则 $E(X^2)=$________.

7. 设总体 $X\sim N(0,1)$, $X_1, X_2, \cdots, X_{20}$ 是来自总体的样本,则

$X^2\sim$________; $\dfrac{X_1^2+X_2^2+\cdots+X_5^2}{X_6^2+X_7^2+\cdots+X_{10}^2}\sim$________;

若 $\dfrac{C(X_1+X_2+\cdots+X_{10})}{\sqrt{X_{11}^2+X_{12}^2+\cdots+X_{15}^2}}\sim t(5)$,则 $C=$________.

8. 设某班概率统计成绩 $X\sim N(\mu, 100)$，从该班抽取 25 人，得到他们的平均分为 78，则 μ 的置信水平为 0.95 的置信区间为________________.

二、单项选择题（每题 2 分，共 10 分）

1. 设随机变量 X 服从均值为 3 的泊松分布，$Y \sim N(0, 1)$，且 X 与 Y 相互独立，则 $D(3X-2Y+7)=$（　　）.

A. 23　　B. 5　　C. 31　　D. 13

2. 小明忘记了朋友电话的最后一位数，他只能随意地拨最后这个数，他连拨了三次，那么他第三次才拨通电话的概率为（　　）.

A. $\frac{1}{8}$　　B. $\frac{1}{9}$　　C. $\frac{1}{10}$　　D. $\frac{1}{3}$

3. 设随机变量的 X 概率密度为 $f_X(x)=\frac{1}{4\sqrt{\pi}}e^{-\frac{(x-3)^2}{16}}$，则 X 的数学期望 $E(X)$ 和方差 $D(X)$ 分别为（　　）.

A. 3 和 8　　B. 3 和 $\sqrt{8}$　　C. 3 和 4　　D. 3 和 16

4. 设随机变量 X 与 Y 满足 $P\{Y=2X+1\}=1$，则 X 与 Y 相关系数 $\rho_{XY}=$（　　）.

A. 1　　B. -1　　C. 2　　D. -2

5. 设 $X_1, X_2, \cdots, X_n$ 是来自于总体 $X\sim(0-1)$ 的样本，$\overline{X}$ 为样本均值，则 $E(\overline{X})$ 和 $D(\overline{X})$．分别等于（　　）.

A. p；$p(1-p)$　　B. p；$\frac{1}{n}p(1-p)$

C. np；$\frac{1}{n}p(1-p)$　　D. np；$p(1-p)$

三、解答题（每题 10 分，共 20 分）

1. 设随机变量 X 的分布律为

X	1	2
P	0.2	0.8

（1）写出随机变量 X 的分布函数；（2）求 $P(X\leqslant 3)$；(3)求 $D(X)$.

2. 已知连续型随机变量 X 的分布函数为 $F(x)=\begin{cases}0, & x<0,\\ Ax^2, & 0\leqslant x<2,\\ 1, & x\geqslant 2.\end{cases}$

（1）确定常数 A；（2）写出随机变量 X 的概率密度 $f(x)$；（3）求随机变量 X 的期望 $E(X)$．

四、解答题（每题 10 分，共 20 分）

1. 某产品主要是由三个厂家供货，甲、乙、丙三个厂家的产品分别占总数的 20%，30%，50%，其次品率分别为 0.03，0.02 和 0.01. 现从这批产品中任取一件，

（1）求这件产品是次品的概率；

(2) 已知从这批产品中取出的是一件次产品，求此产品是由甲厂生产的概率．

2. 已知随机变量 $X\sim N(0,1),Y\sim N(2,9),\rho_{XY}=\frac{1}{2},Z=3X-2Y$.

(1) 求 $E(Z)$；(2) 求 $\mathrm{Cov}(X, Y)$；(3) 求 $D(Z)$．

五、解答题（每题 10 分，共 20 分）

1. 设随机变量（X，Y）在区域 $D=\{(x,y)|0<x<2,0<y<2\}$ 上服从均匀分布．

(1) 写出（X，Y）的概率密度；(2) 求关于 X 及 Y 的边缘概率密度；

(3) 求 $P\{X+Y<1\}$；(4)判断随机变量 X 与 Y 是否独立．

2. 设总体 $X\sim b(20, p)$，$X_1, X_2,\cdots,X_{30}$ 为来自总体的样本，$x_1, x_2,\cdots, x_{30}$ 为相应的样本值，求参数 p 的矩估计和最大似然估计．

模拟试题四

一、填空题（每空 3 分，共 30 分）

1. 从装有 10 个红球 5 个白球的袋子中任意取球两次，每次取一只，则第二次取到白球的概率为________．

2. 设事件 A 与事件 B 相互独立，$P(A)=0.2,P(B)=0.6$,则 $P(A-B)=$__．

3. 若 $X\sim U(0, 30)$，则 $E(X)=$________．

4. 设随机变量 $X\sim N(1,4)$,则 $P(X\leqslant 1)=$________．

5. 已知随机变量 X 与 Y 相互独立，$X\sim N(5,2),Y\sim N(10,3)$,则

$E(XY)=$________； $D(3X-2Y)=$________；$E(X^2)=$________；$\rho_{XY}=$____．

6. 设总体 $X\sim N(0, 1)$，$X_1, X_2,\cdots, X_n$ 是来自总体的一个样本，若 $\dfrac{C(X_1^2+X_2^2)}{X_3^2+X_4^2+\cdots+X_8^2}\sim F(2,6)$,则 $C=$________．

7. 设 $X_1, X_2,\cdots,X_n$ 是来自于总体 X 的一个样本，$E(X)=\mu$，若统计量 $a_1X_1+a_2X_2+\cdots+a_nX_n$ 是 μ 的无偏估计量，则 $a_1+a_2+\cdots+a_n=$______．

二、单项选择题（每题 2 分，共 10 分）

1. 袋中有 5 个球，3 新 2 旧，每次取出 1 个，用后放回，新球用过一次即算旧球，设 $A=\{$第一次取到新球$\}$，$B=\{$第二次取到新球$\}$，则 $P(A\overline{B})=$（ ）．

A $\frac{9}{25}$ B. $\frac{6}{25}$ C. $\frac{6}{20}$ D. $\frac{9}{20}$

2. 设随机变量 X 与 Y 相互独立，且均服从参数为 p 的（0—1）分布，则 $X+Y\sim$（ ）．

A. （0—1） B. b（2，p） C. N（0，2） D. N（0，1）

3. 设随机变量 X 的概率密度为 $f(x)=\begin{cases}3\mathrm{e}^{-3x}, & x>0,\\ 0, & 其它．\end{cases}$ 则 X 的数学期望 $E(X)$

为(　　).

A. 3　　B. $\frac{1}{3}$　　C. 9　　D. $\frac{1}{9}$

4. 若 $X \sim N(1,4)$，$\left(\frac{X-a}{b}\right)^2 \sim \chi^2(1)$，则 a，b 分别等于(　　).

A. 1，2　　B. 1，4　　C. 1，$\frac{1}{2}$　　D. 1，$\frac{1}{4}$

5. 设 X_1，X_2，…，X_n 是来自于总体 $X \sim b(10，p)$ 的一个样本，$\overline{X}$ 为样本均值，则参数 p 的矩估计为（　　）.

A. $n\overline{X}$　　B. $10\overline{X}$　　C. $0.1\overline{X}$　　D. $\frac{1}{n}\overline{X}$.

三、解答题（每题 10 分，共 20 分）

1. 设随机变量 $Y=2X-3$，X 的分布律如下：

X	0	1
P	0.1	0.9

(1) 写出随机变量 Y 的分布律；

(2) 写出随机变量 Y 的分布函数；(3) 求 $E(Y)$ 和 $D(Y)$.

2. 已知某电子元件的寿命 X(h) 的概率密度为 $f(x)=\begin{cases}\frac{A}{x^2}, & x \geqslant 10, \\ 0, & x<10.\end{cases}$

(1) 确定常数 A；(2) 求电子元件的寿命 X 大于 150h 的概率.

四、解答题（每题 10 分，共 20 分）

1. 设工厂 A 和工厂 B 生产的电子元件的次品率分别为 0.01 和 0.02，现从由 A 和 B 生产的电子元件分别占 80% 和 20% 的元件中随机抽取一件.

(1) 求抽到电子元件是次品的概率；

(2) 若抽到电子元件是次品，求该次品属于 A 工厂生产的概率.

2. 设随机变量 $(X，Y)$ 的概率密度为 $f(x,y)=\begin{cases}\frac{1}{4}e^{-\frac{1}{2}(x+y)}, & x>0, y>0, \\ 0, & 其它.\end{cases}$

(1) 求关于 X 及 Y 的边缘概率密度；(2) 判断随机变量 X 与 Y 是否独立.

五、解答题（10 分）设离散型随机变量 $(X，Y)$ 的联合分布律为

X \ Y	1	2
-1	0.25	0.5
1	0	0.25

求（1）$E(X)$，$E(Y)$；（2）$E(XY)$；（3）$\mathrm{Cov}(X, Y)$.

六、解答题（每题5分，共10分）

1. 设大学生男生身高的总体 $X \sim N(\mu, 16)$（单位：cm），X_1，X_2，$\cdots$，X_{25} 为来自总体的样本，测得样本均值为176.5cm，求参数 μ 的置信水平为95%的置信区间 .

2. 设 X_1，X_2，$\cdots$，X_n 是来自于总体 X 的一个样本，x_1，x_2，$\cdots$，x_n 为相应的样本值，总体 X 的概率密度为

$$f(x)=\begin{cases}\sqrt{\theta}x^{\sqrt{\theta}-1}, & 0\leqslant x\leqslant 1,\\ 0, & \text{其它}.\end{cases}$$ 其中参数 θ 未知，$\theta>0$.

求参数 θ 的最大似然估计 .

模拟试题参考答案

附表一　标准正态分布表

附表二　泊松分布表

附表三　χ^2 分布表

附表四　t 分布表

附表五　F 分布表